U0241617

食桌情景

［日］池波正太郎 著

廖卿惠 译

生活·读书·新知 三联书店

图书在版编目（CIP）数据

食桌情景／（日）池波正太郎著；廖卿惠译．—2 版．—北京：
生活·读书·新知三联书店，2017.4
ISBN 978 - 7 - 108 - 05749 - 5

Ⅰ．①食… Ⅱ．①池… ②廖… Ⅲ．①饮食 - 文化 - 日本 - 文集
Ⅳ．① TS971-53

中国版本图书馆 CIP 数据核字（2016）第 156767 号

责任编辑　黄新萍
装帧设计　刘　洋
责任校对　常高峰
责任印制　徐　方
出版发行　**生活·讀書·新知** 三联书店
　　　　　（北京市东城区美术馆东街 22 号　100010）
网　　址　www.sdxjpc.com
经　　销　新华书店
印　　刷　北京铭传印刷有限公司
版　　次　2011 年 4 月北京第 1 版
　　　　　2017 年 4 月北京第 2 版
　　　　　2017 年 4 月北京第 3 次印刷
开　　本　880 毫米×1230 毫米　1/32　印张 9.75
字　　数　177 千字
印　　数　13,001 - 19,000 册
定　　价　39.00 元
（印装查询：01064002715；邮购查询：01084010542）

目录

江户美食

　　游东京，购物之余，如果还想逛逛胡同，下下小馆子，发一点思古之幽情，那么读两个人的书应该是有益的，永井荷风和池波正太郎。永井的随笔（川端康成甚至说，永井的小说杰作《墨东绮谭》其实是随笔）如《东京散策记》，写的就是他拿着江户地图游走老东京，但他不是美食家，几乎不谈吃，谈吃的是池波。

　　池波正太郎是时代小说家。所谓时代小说，大都以江户时代为背景或舞台，那是武士的时代，士农工商，武士之士是领导阶级，即便写市井，一般也少不了武士的身影，故译作"武士小说"，以免中国读者对"时代"二字莫名其妙。有文学评论家说，日本男子汉应作为嗜好读"一平二太郎"；"一平"是藤泽周平，"二太郎"是司马辽太郎和池波正太郎。司马说过，他爱读池波的《鬼平犯科帐》

等作品。藤泽说："用我这样的方法写我写的世界的作家今后还会出，但能够用池波描写的世界及同样方法写的作家不会再出现吧。"

池波卒于一九九〇年，司马和藤泽也相继于一九九六、一九九七年去世，当今武士小说及历史小说尚未出现足以与他们比肩的大家。一九八八年池波获菊池宽奖，理由是"创作出大众文学之真髓的新形象"，在武士小说中活写了现代男人的生活方式，赢得读者的绝对支持。日本战败后他就职东京都卫生局，到处喷洒滴滴涕，业余写剧本，得到小说家、剧作家长谷川伸的知遇。这位恩师又鼓励他写小说。他的作品五次入围直木奖，被吉川英治赏识，但反对者认为池波未突破吉川英治们定型的模式。一九六〇年终于以《错乱》获奖。大概出于成见，前一年大捧司马辽太郎获奖的海音寺潮五郎仍然不赞成，说池波很会编故事，但冗长乏味，有点像老城区的小话剧。川口松太郎力荐，说："直木奖的目的不在于颁奖，重点是培养后进作家。也许还是三流，但给了奖，将来就可能成为一流作家。"预言成真，池波进入二十世纪七十年代，何止一流，而是超一流。不过，每个月挥洒稿纸（四百格）五百张，似也难免小说匠之讥。

手捧菊池宽奖，池波还想起四十年前，他见过菊池宽一面。池波出生在关东大地震的一九二三年，土生土长的东京人，小学毕业后当学徒，还炒过股。一日，在高级餐厅的门口瞥见一美女，因为从小就爱看电影，甚至成为流行作家以后也每月看十五部，所以知道那是长得很洋气的某女优，但更让他兴奋的是旁边的男人，五短身材叼烟斗，竟然是从杂志上见识的文坛大佬菊池宽。似乎这场景也成谶，池波不仅是小说家，还是美食家、电影评论家。

他的关于美食的随笔，结集有《食桌情景》《昔味》《散步时想要吃什么》等。谈电影也时常谈及吃。池波小说有三大系列，即《鬼平犯科帐》《剑客商贾》《藤枝梅安》，并不用一种史观来把握大局，而是具体地描写人生活在那个时代的日常。或者自炊，或者外食，随处写到吃，细致而巧妙。譬如天大黑以后，杀手梅安就和搭档彦次郎把砂锅架在火盆上，用蛤仔和萝卜丝煮汤，一边趁热吃，一边漫不经心似的讨论怎么杀人。平常的庶民生活，温馨的人情味，把杀人的残酷也淡化了，这是池波小说的魅力所在吧。

池波爱吃，冬天里几乎天天吃小火锅：浅底小锅里倒上用海带、香菇等煮好的汤，把蛤仔和白菜略微煮一下，捞到小碟里蘸柚汁吃。他爱吃荞麦面，据说《剑客商贾》里写了二十多家荞麦面馆。以池波小说的印象为背景，便恍惚觉得他随笔中的美食有一种江户情趣，而小说借真实的随笔记述仿佛也有了某种现实感。从随笔能窥见池波的生活，也可以领略他的人生观以及美学。受其诱惑，我去过银座新富寿司店、神田松屋荞面馆，味道确实好，价钱也不贵。但他说不喝酒就不要进荞麦面馆，可我虽好酒，也信奉敝乡的饺子就酒越喝越有，却受不了荞麦面馆酒菜的悭吝，即便是若水的清酒。

对于池波来说，吃是一个乐趣。吃的快乐在我们知道的快乐中占一大部分，主要是因为我们知道不吃则死。吃是生的快乐。医生让人想吃什么吃点什么，那就是最后享受一下生的乐趣。说来只要有材料和手艺，老店的味道就能够一如既往，但吃客难以保持口味不变，美食总是在记忆里。池波时常写记忆中的美食，例如："这也是小时候母亲经常给做的，就是炸茄子。不同之处只是把土豆换成茄子，喝生啤很对路。"我也不禁想起小时候母亲给做的炸茄盒，中间还夹着肉馅呢。就吃来说，通常有三种人，一是做，艺术创作者；二是吃，欣赏艺术；三是品，充当批评家，也可能是美食家，但也可能只是妙笔生"味"，把吃批评得没法吃。池波在小说里写吃不离谱，好像谁都做得来，吃得来。吃喝追求高档或稀罕是一种猎奇心理，吃自己爱吃的才真是幸福。池波写的吃也有颇贵的，但好像多是被当作传统要价了。

池波写男人，也爱用老东京人的禀性对男人说教，写有《男人的系谱》《男人的作法》等随笔。但他说"如果松阪牛肉是精心饲养的处女，那么，这里的伊贺牛就是厚厚上了一身肥膘的半老徐娘"，恐怕对女人就有点失敬了吧。池波的三大系列是一系列短篇，此外他还有一个"真田"系列，取材于信州（今群马县）的松代藩藩主真田家三代的历史，如获得直木奖的《错乱》。《真田太平记》是长篇小说，在周刊杂志上连载了九年之久。池波死后，由长年帮他收集资料的旧书店老板倡议，信州建立了"池波正太郎真田太平记馆"。

李长声

一本浓缩人生的书

　　每年，书市上都有无数的新书，我无法得知确切的数字，而这些书的大部分也都很快地淹没在随后的出版浪潮中，不再为人所记住。

　　然而，也有些书是在几年，甚至是几十年后，不但没有消失，反而还随着光阴的流逝散发出更加炫目的光彩，引人驻足，并往人心里深处扎根而去。这本书就是这样一本弥足珍贵的好书。

　　昭和四十七、四十八年左右，池波正太郎的《食桌情景》在《周刊朝日》上连载，当时我还是一名小小的编辑，每个月都忠实地买杂志来拜读池波先生的大作，记忆中，我几乎是边流着口水边读完这些美食散文的。

　　连载结束后，出版社将连载散文集结成册，以单行本的方式推出，我也毫不迟疑地买来，至今不知道已经读过了多少遍，不会少于一百遍。俗语如是说："读书百遍，精髓尽通。"直到最近，我才终于稍微了解这本书的真正价值所在。

奇妙的是，这本书我每读一次都会有崭新的发现，明明就已经读了几十遍，但每次都会有之前没注意到的地方，宛如从乌云裂缝中探出来的阳光般吸引住我的视线。我相信这是因为我随着年岁的增长，累积了相当的人生经验后回头看这本意蕴深远的书后，必然产生的心得与收获。

最初，我也以一介贪吃读者的身份，忙于收集书中所介绍的各家名店，我甚至还试着把书中所出现的食物做成一览表，尽可能地模仿池波先生的饮食生活，感受这些美食所带来的感动。例如说"鸟巢烧"好了，"把马铃薯压扁成泥煎过后，正中间挖一个洞打蛋进去，等蛋半热以后盛起，这样应该也不错吧？"

这道池波先生在少年时代所想出来的创意料理，事实上也是美味十足。大家都知道池波正太郎是个点子多、创意丰富的名人，但他为什么可以想出这样多简单又切合实际的绝妙点子呢？我想应该是他总是可以看到问题的症结，不会犯下本末倒置这种错误的关系吧。

举例来说，在书本的装帧上，编辑带着封面设计者所设计的几个模板给他挑选时，他总是可以马上做出最精确的判断，更甚者，他还可以明确地指出："改成这样的话是不是会更好？"

这就是一向思虑果决的池波正太郎，大部分的情况，就连专

业设计师也赞赏不已。有时，乍看之下相当不错的封面设计或装帧也会有看不清主题和作者姓名的情况发生，而放在桌面上翻阅时感觉不错的书本设计，要是放在书店的书架上时不能引人注目的话也是枉然，而这些本质问题池波先生总是可以一语道破，然后轻轻讪笑着："专家都不食人间烟火喔！"此时的池波正太郎会变得相当辛辣。

池波正太郎曾经说过："不管是电影也好、小说也好，只要可以呈现出真实的人生，就是艺术。"而《食桌情景》正是这样一本浓缩人生的书，我认为这本散文集最大的价值，在于其简洁文章后面所描述的那些扣人心弦的"人生"况味。

对每个人而言，该如何度过自己的此生是个根本性的问题，或许在我们有生之年都无法有个确切的解答，但无论如何，这却是会让我们穷尽一生来思考的课题。此时，我们通过经典的电影、优美的文学或是这本《食桌情景》让我们看到不同的人生观，并对我们自己的人生有所启示。抱着这样的想法，我不知餍足地一遍又一遍读着这本书。

对我而言，这本书是所谓的"座右书"，更甚者，我视之为审视自我的明镜。我试着将池波正太郎在文中所描述的"二战"前他所过的生活，也是当时一般东京人所过的生活，和我现在的生活做了比较，最深刻的感触即是"物质丰足度的不同"。不过只是这样就结束的话也就太乏善可陈了。

光从发达的机械文明和丰富的物质生活这两点来看的话，现代人的生活的确是有长足的进步。家家户户都有电话、电视和电冰箱，托新干线、飞机等现代运输工具的福，人们可以以过去无法想象的速度轻易地往来国内，甚至海外各地。

但我心中总会有着"尽管如此……"的念头，我们今天这样的生活真的算是比较富足吗？每次翻看《食桌情景》总会让我忍不住叹起气来。书中《结缘日》这篇里有这样一段：

少年池波正太郎在晚餐之后，曾祖母念着："一吃完马上躺下睡觉会变成牛喔！"池波躺下休息一会后，又起身说道："我要去结缘日夜市。"

母亲把他叫住："帮我买'町田'的煎牛肉回来。"

祖母斥道："不要买那种奇怪的东西回来。"

曾祖母则在旁打着圆场："不要吵架啊！"

少年池波正太郎算算自己身上的钱后用三十五钱买了大佛次郎的经典代表作《雾笛》，用七十五钱买了岩田专太郎装帧的《赤穗流浪武士》初版后，又去买了"町田太鼓烧"和"甜甜圈薄片"后赶紧飞奔回家。回到家后又马上窝到暖烘烘的火炉前，边把刚买来的食物塞进嘴巴，边读着刚买来的书，一副快乐似神仙的样子，一直到母亲的责难声传来："明天迟到也不管你喔！"而读过的书要是搬上了大屏幕，少年池波正太郎也会马上捉了十钱往鸟越戏院冲去。

这一幕家庭情景描写是多么丰足而温暖啊！我深深地相信这个才是家人相处所该有的模样。现代社会几乎都由小家庭所组成，

在社会变迁的巨轮下，我惊觉我们竟然在不知不觉中失去了更多属于家庭的美好观念。

"二战"之后，我们失去的不只是家族的连带感，连固有的"持续的美德"也渐渐消失殆尽。在传统就是不好、崭新就是好的二分法价值观中，日本古往今来许多美德也在时代杂沓中被遗弃。

在这个瞬息万变的时代里，不管是商店、人、街道都不断地改变着风貌，剩下的仅有一些国籍不明的风俗习惯、建筑物、广告和人种。和巴黎、纽约这些国际城市相比，着实让我们这些只知道眼前这个在杂乱无章中所建构出来的现代东京，却完全不知昔日东京模样的东京子民倍感黯然。

池波正太郎并没有对这样的时代、社会变化以高姿态批判的意思，尽管如此，字里行间还是可以看到他对现代文明的诸多疑虑，因为不是刻意批判，反而更可以尖锐地凸显出现代社会扭曲、歪斜的异象。

"当时东京入夜后也是灯火辉煌，不过那样璀璨的夜景也可算是一幅炫目的美景，但现代夜晚的灯火已经把暗夜悄悄逼退，日夜的差别愈来愈不明显，而夕阳和夜雾更不知道逃逸到哪里去了。"

文中有这样一段关于今天的东京的描写：东京确实已经没有昼夜之别了，而夜晚的欢乐又有多少呢？姑且不论年轻人的玩乐，这年头的东京，已经再也找不到适合成熟成年人的幽静娱乐场所和时间了。

我每读《食桌情景》一次就会流一次口水。在《从柳生到伊贺上野》一篇中，出现一家叫作"金谷"的牛肉店。

"若说松阪牛是在细心呵护下所培育的纯洁处子的话，伊贺牛就是有着丰腴风韵的成熟女性。"

这样的描写也只有池波正太郎才能写得如此传神吧！我每读到这里总是吞着口水幻想着"奶油风烤牛肉成熟女性"的滋味，然后接着是，"烤肉之后，当然要来点'寿喜烧'才算完整"。

这一段的描述实在过于迷人，我心中渴望难抑，和友人分享外尚嫌不够，更是远征伊贺上野一探究竟，奶油风烤牛肉和寿喜烧果然皆如书中所描述般美味，而当地飒爽的辛口地方酒也不在话下。

《食桌情景》中所出现的大部分的店都因为店老板保有着坚持到底的匠人气息，至今也仍继续营业、屹立不倒。然而，现在和当初池波正太郎光顾时已经有了很长的时差，这样剧烈变化的时代巨浪对这些店应该也多少有所影响才是。其中，有些店已经改朝换代，有些店也已经大不如前甚至已经倒闭，最大的差别当然就是价位的不同。

以上我虽然列举了许多美食，但我认为把这本书当作一般的"饮食导览手册"还是有违作者的原意。当然看书本来就没有一定的规则，也不是说这样利用就是误用，读者本来就可以选择自己喜欢的方式接收书本的信息。但我想要强调的是，要是只把《食桌情景》当作一本"名店导览"的话，很容易就忽略了书中蕴藏的深远意涵，更无法体会到池波正太郎在书中分享的人生精髓。

对着新婚半年，对味噌汤和纳豆怀着无限憧憬，每天早上却只能吃火腿蛋土司的年轻人，池波正太郎这样教训他："像你这种可怜的年轻人我也知道两三个，要是看到不想吃的东西就翻桌啊！不然的话，你一辈子都别想吃到自己想吃的东西！"

《食桌情景》真的是值得一读再读的好书。身为男人，我认为就算觉得这样做不甚妥当，也该认同上面这一番话，在人生路上也该好好地展现自己的气魄才是。

佐藤隆介

巢 与 食

同是作家的有马赖义[1]先生曾这样对他的夫人说："我比那个池波要好多了。池波一向是自己一个人先享用大餐后，剩下的才给他母亲和妻子吃呢！"我想有马先生应该是向他的夫人引述我在某次座谈会中的谈话了吧。

我吃的是否是大餐这点姑且不论，就用餐的形态而言倒真是如其所言。

首先，我会自己一个人先用餐，妻子在帮我准备餐点的同时，母亲则在与厨房相邻的和室角落里打理自己和妻子的餐桌。等到我开始饭后的小酌时，母亲和妻子才开始进食，

---

[1] 有马赖义（1918—1980），出身贵族家庭，代表作有《终身未决囚》《四万人的目击者》等，曾获第 31 届直木奖、第 12 届日本侦探作家俱乐部奖。

然后一家的用餐时间也随之结束。这期间，在我酒兴阑珊时，妻子也会帮我端来食物和下酒小菜，这就是我们家每天的用餐模式。或许谁都会想："全家人一起用餐不是很好吗？"但会演变成这种模式也不是没有原因的。

二十几年前我刚结婚的时候，理所当然地，我开始被迫夹在妻子和母亲这两个女人之间过日子。当时战争刚结束，还没有小家庭这个字眼，也没有电视，那是个离洗衣机还很遥远的年代。

母亲当时正值气盛之年，妻子的个性也颇为强硬，"争执"的戏码也就毫不意外地上演了。于是，身为一家之主，我不得不陷入是"屈服于这两个女人"还是"让这两个女人屈服"的困难选择中。

◎

争执的火苗是从厨房开始蔓延的。

从米饭的软硬、味噌汤的味道到腌菜的方法等都会引发这对婆媳的战争。

于是我强硬地表明："我要自己一个人吃饭，我的饭由你（妻子）来做！你和你（母亲）要吃的由你（母亲）来做！我吃完了以后你们再吃。"而两人也屈服了。

这个习惯就这样一直持续至今。二十年后的现在，妻子会不端架子地在客人面前说："炖煮食物果然还是老人家比较厉害呢！"而母亲偶尔也会帮我做我爱的凉拌豆腐。

对我们这些在现代社会中生活的人类而言，"巢"还是有其存在的必要性的。在这个"巢"中，家人是绝对必要的存在；此外，里头的家人也必须要时时保持健康，并且全力支持工作养家的男人。不然的话，人类的"巢"也就失去其存在的意义了。

但，这个"筑巢"的工作要完成却需要十年甚至十五年以上相当长久的岁月，对女眷而言如此，对男人而言亦然。

尤其像我这样一整天都必须待在家里的职业——也就是所谓"在家工作"——的情况下，每天的三餐也就变得异常重要。虽然不需要餐餐大鱼大肉，但要是没有好好吃上一顿饭的话，对我的工作也会有负面影响。心情愉悦地用餐是保持健康的不二法门。巢中的气氛要是过于低落的话，就算是眼前端上高级的牛排特餐，也会让人有种"尸骨无存"的错觉。

我相信，每个人都会用自己的方式对"筑巢"有所贡献，而我选择的方法则是制造出妻子和母亲"共同的敌人"来改善她们之间的关系。因此，我全力利用咆哮、怒骂、叫嚣、威胁、恐吓等各种手段来包装自己的坏人形象。

时至今日，每当我要外出旅行、有几日不在家时，母亲和妻子都会露出欢欣的表情，母亲更是会脚步轻快地走到月历前面，用红笔在我旅行的那几天里做上记号。

◎

要当这样的坏人必须要有所觉悟，对母亲和妻子都不可

以有任何的偏袒，一丝丝都不行。在斥责过妻子的隔天，就算勉强也要找出理由来斥责母亲；挑剔过母亲之后，没事也要挑剔一下妻子。

此外，除了孝敬母亲外，对岳母也必须有所表示——我带母亲去旅行时，岳母也定会一起同行。如此一来，双方母亲的感情较为亲近，对我和妻子而言也会有较好的影响。要是实在无法抽出时间去旅行的话，只是请吃一客盖饭也不无小补。

为了表示自己没有一丝偏袒，我每年至少会带妻子出去旅行一次。

"就是有对旅行的期待，所以我才可以勉强忍受这些平常日子的。"对于有着这种想法的妻子，当然就更不可以让她失望了。也因此，不管工作多么忙碌，只有这一点我一定会确实执行，就算只是当天来回的小旅行，我也会确实做到。因为要是不这样做的话，我又怎能让家里的这两个女人服从在我的"威望"之下呢？

男人这种生物，只要对事情一有"好麻烦啊……"的想法之后，就绝对不会想去做了。因此，要不是时时带着兴味盎然的心情，精心算计着要把这两个女人间的距离渐渐拉近的话，是无法支撑长久岁月的。

就我的情况而言，这样"处处"留意的习惯倒是对我的写作工作有很大的帮助，毕竟只会命令她们"东西给我煮好吃点"也不是办法。再说，要让家里的两个女人对料理工作产生兴趣，不带她们出去吃些真正好吃的东西是不行的，就算只是最普通的咖喱饭也一样。以前我曾让妻子去参加过料理教室，第一天回来后她做的菜就截然不同。学习，真是件奇妙的事啊！

不过话说回来，这五年来我们这个巢中的生活虽然顺利无碍，但还是有母亲年事已高、我们两夫妇也已经开始慢慢登上老年斜坡这样的隐忧。年老这件事同时也暗示了会有更多未知的情况来破坏这个我们构筑已久的巢吧？我有了新的觉悟，决心要好好准备，迎接即将到来的挑战。

菜单日记

我从七年前开始养成了写日记的习惯。

日记内容通常只有关于当天所吃下的东西，其他的事情几乎鲜有提及。会这样做的原因是以前曾被妻子这样盘问过："今天晚上要煮什么好呢？喂，到底煮什么好呢？你有特别想吃什么吗？说说看嘛……"对妻子而言，平常多话的我整天都闷着头在家里工作，应该是累积了很多想说的话吧。

不论是哪个家庭，三餐的菜单似乎都会让家中的女人绞尽脑汁。我想主要原因除了这些主妇并不是专业级厨师，不会被要求业绩表现之外，还有个原因是：不管曾经做过什么样的菜，只要时间一过就会淡忘吧。

原则上，我并不会做太过奢侈的要求，但要是连续几天都被迫闷在家里赶稿，我生活中唯一的安慰也只剩下"吃"这件事而已了。例如说，我在写历史小说时，今天写到"织田信长率领大军战于姊川战场"，然后明天要写"在江户町一隅中凝望着夕阳西下的那个木匠"，这之间的气氛转换其实是相当费工夫的。

虽然我自己并没有注意到这点，但听家人说，在我写到大将军的部分时，脸上都会不自觉地显露出复杂又威严的表情；而在写到木匠或蔬菜摊小贩的部分时则会变得特别饶舌，饭后小酌的酒量也会增加。

有时连续三四天闷在家里赶稿，忙到实在没有时间出去散散步的时候，我甚至会一天换两三次衣服，就是想要利用这种方法让我可以在单调的时间流逝中做点变化，转换自己的心情以便融入小说的情境中。

家中那两个家事缠身的女人有时也会一天换好几次衣服，我想应该也是因为想要战胜家务的单调与繁忙吧。这些年来，我也终于渐渐地了解了这个道理。看来，打扮并不单单只是为了给"悦己者"看呢！

◎

言归正传。

我翻开这几年来的日记，找出今天的日期。

昭和四十二年（一九六七）十二月九日

　　从今天起，银座大街的地面电车正式停驶了，这让

我对东京都的施政之差感到深恶痛绝。

午餐十二点：盐烤黄尾鰤（白萝卜泥）、大葱味噌汤、腌菜、白饭

晚餐六点：鸡汉堡肉（奶油酱）、绿沙拉、威士忌苏打水（2杯）、黄尾鰤拌山药泥、白萝卜炖蛤蜊、白饭

宵夜晚上十一点：更科产干荞麦面

昭和四十三年（一九六八）同月同日

午餐：炒咖喱、咖啡

晚餐：小黄瓜醋腌方舟贝、盐烤鲷鱼、冰酒（2杯）、猪排盖饭

宵夜：猪排乌龙面

昭和四十四年（一九六九）同月同日

午餐：鸡肉饭、炒蛋、咖啡、啤酒（1瓶）

晚餐：冰酒（2杯）、韭黄蛋、小黄瓜醋拌鸡蛋黄、炸蔬菜、白饭、烤海苔、腌菜

宵夜：天妇罗乌龙面

昭和四十五年（一九七〇）同月同日

午餐：炸猪排、白饭、沙拉、咖啡

晚餐：威士忌苏打水（3杯）、牛肉腌味噌、炖鲑鱼卵、

京都千枚渍、鲔鱼生鱼片、葱花炒蛋、白饭、咖啡

宵夜：荞麦凉面

今天是昭和四十六年（一九七一）的十二月九日，我吃了些什么呢？午餐是卤白萝卜丝加葱花炒蛋、海带味噌汤和腌萝卜，晚餐则喝了四杯单份威士忌外加寿喜烧，没吃米饭。

不过我的宵夜是自家制的鲔鱼盖饭，现在刚吃完正着手写这份手稿。

现在时间已经快到凌晨一点，从现在起到早上五点是我一个人的竞技战场。妻子端来宵夜时，淡淡地留下"睡眠是我人生最大的乐趣呢"这句话后就匆匆地回到自己的寝室了。

接下来……

日记中所记载的食物中，觉得美味的我会用有色笔圈起来，所以妻子也可以一目了然。不管是春夏秋冬的哪一天，在不晓得该做什么菜才好的时候，只要翻开这七年来的日记，也一定可以从其中找到灵感的。

另外，有一件不可思议的事是，尽管我的日记中除了食物之外并没有其他太多心情上的叙述，但每当我翻开日记，仍会不时回想起当年当日所发生的一些林林总总的事情。此外，要是吃了很难吃的食物的话我也会打上叉叉，偶尔也会出现"今天的晚餐真是惨不忍睹……"这样夸张的字眼。

会这样写是因为本来就预计要让妻子看我的日记，所

以后面也会继续写道："吃了这样难吃的东西真的真的很难专心工作！这样的食物无法让我产生认真工作养家所需的力气！"不过，现在已经不会出现这样的字句了。以前，也会有一看到餐桌上的食物就火冒三丈、宣泄怒气的情况，现在也不会了，我渐渐地磨炼出不管是什么都可以吃下肚的功力了。简单说来，其实就是不过于奢求，只要该热的食物是热的，该冷的食物是冷的，其他的我也不会太过计较。

我年轻的时候相当地偏食，但"二战"时被海军征召之后就被训练到不偏食了。入伍第一天就被迫要吃有沙丁鱼和地瓜的大锅菜，想继续偏食下去也难。

母亲的最爱

母亲已年近七旬。

母亲明明就是生在东京、长在东京，却对荞麦面兴趣缺乏，对天妇罗、鳗鱼也是相同态度。

"不会特别想吃啊！"是的，母亲最爱的是肉类与寿司，尤其对寿司更是情有独钟。

母亲在我七岁的时候就与父亲离婚了，这部分我想以后应该有机会提到。离婚后，母亲把我托给自己娘家后就再婚了，另外生了一个儿子，也就是我弟弟。

在这期间，我一直都由浅草的外祖父、外祖母负责养育，但母亲在弟弟出生后没多久，马上就又和第二任丈夫离异回到娘家来了。母亲似乎挺没男人运的。

不过事情的真相是，东京出身的母亲总是很快地厌倦那

些虽然人很好、却优柔寡断或温吞度日的男人。而母亲又是比一般人更好强的女人，因此也无缘演出那种要用真爱改变男人，或哭求着男人改变的悲情戏码。于是，母亲毅然地回到娘家，这部分还好，但接下来却因此被迫要自力更生、拼命活下去。

我的外祖父是个技艺高超的饰品工匠，但昭和初期是经济处于最不景气的时代，外祖父的工作业绩一落千丈，更糟的是还卧病在床，没过多久就去世了。

印象中，似乎是母亲带弟弟回来没多久外祖父就过世了。那之后，母亲就撑起了这个家，背负起照顾我们兄弟俩和外祖母的使命了。

母亲在我九岁或十岁的时候，曾这样对我说过："你啊，给我听好，小学毕业后就要给我出去工作喔！不过我没有要叫你去工作拿钱回来贴补家用，只要你自己可以好好过日子就好了，家里的事你不用担心。"

母亲先后尝试过很多不同的工作，后来进到浅草家附近的府立第一女子高中的"贩卖部"，才终于稳定下来。母亲跟另外一个同龄的妇女加上三个女子高中的毕业生一起在主任带领下贩卖文具等用品，中午的时候也会卖些便当。母亲就这样投入工作，成为职业妇女了。

◎

当时母亲大约是三十四五岁吧！现在回想起来，那时的母亲除说起话来口气跟男人一样血气方刚之外，说的话也相当恶毒。

母亲骂我时总是把"怎么不去撞豆腐死一死算了？"挂在口边，十一二岁的我也曾有实在气不过，死命抱住母亲要把她推出去的经历。当时外祖母旁观之余，还出声为我打气："加把劲，加把劲！"想来外祖母对母亲那张恶毒的嘴也是心有戚戚焉吧。

现在，每当跟母亲说到这件事，母亲总是装傻到底："没印象发生过这种事！"

但话说回来，在那样艰难的环境下，我和弟弟却从没挨过饿，一次也没有。每天都吃得很饱，健康地到处蹦蹦跳跳地玩耍，也从没生过病。

最近和母亲一起回想起当时的情景，母亲说道：

"那时候，我常常工作结束后去吃御徒町的蛇目寿司呢。"

"自己一个人？"

"对啊，自己一个人。"

"你竟然一次也没带我去吃过？！"

"我谁也不想带，哪来的那个钱啊？我一个人吃好吃的东西就够了。"

"你很坏耶！"

"我一个女人家要养一整个家耶！要是偶尔不让我吃点自己喜欢的东西，我怎么会有力气去工作赚钱？对那时候的

我而言，只有蛇目的寿司是我唯一的安慰！"也就是说，这个女人因为一盘自己喜爱的寿司产生了养育老母和两个小孩的无比勇气和能量。这个故事告诉我们："吃"这件事情是多么地重要！

◎

对于人类而言，只有"终有一天会死"这件事是毋庸置疑的，除此之外，所有事情都是未知。人类，是为了迎接死亡而活在现在的，想想真是件悚然的事。

但这个事实对曾参加过昭和时期第二次世界大战的人却是无法或忘的。

直到现在，我一个星期中大概会有一次关于死亡的思考，却无济于事。这个习惯从战争结束后的二十几岁就开始，一直维持到现在。

朋友对我说："你想了这么多关于死的事情，竟然还可以活得这么久，真是不简单啊！"

这倒是，一般人一想到死亡一定都会意志消沉吧！但人类真是了不起的生物。思考死亡之后的第二天早上，在把热腾腾的白饭、味噌汤和喜爱的炭烤海苔送入口的瞬间，会充分地感受到"活着真好"的幸福。人就是这样的生物。

近来，年迈的母亲对妻子这样说道："我希望死的时候可以一瞬间一了百了，所以现在要尽量吃自己喜欢的东西，尽量养胖自己来压迫心脏才行。"

清晨五点，正当我工作告一段落要准备就寝时，正好也是母亲"饿到受不了躺不住了"的起床时刻。

寿司

不只是母亲，若是问我和妻子"最喜欢的食物是什么"，我们的答案也会是寿司。江户前的"握寿司"是在文化七年（一八一〇）开业的。听说一开始在本所横纲一地，由始祖——与兵卫先生开店后，因为用新鲜的海鲜当场捏捏成寿司这种新颖的吃法而迅速远近驰名；当时因为被保守形态的押寿司派排挤只好逃出江户，之后势力范围就被局限在京都、大阪一带了。

听说其实早在文化末年，在大阪道顿堀的"松寿司"里就出现江户风的握寿司了。特别讲究的人会说："现在东京的海鲜都是由其他地方或是海外进口来的，说是'江户前'实在奇怪。"但若是把"江户前"解释为"江户风"的话应该就妥当多了吧。

不过寿司原本其实是一般庶民的食物，孩提时代在外祖父家生活的时候，尽管外祖父只是一个小小的饰品工匠，一个星期还是可以叫一次外卖寿司让全家一起享用。不过我想那个时代的寿司店应该不会像现在，把鱼整齐排列在玻璃橱窗里的荷兰芹上当装饰吧。

然而，银座有一家开业已久、无人不知无人不晓的"○○寿司"，我以前就常常光顾这家店，直到前一阵子也还去光顾过。在我还在帮新国剧写剧本时，从排演到正式开演这个期间，我只要去剧场的话，回程一定会顺便绕过去，点一份"松寿司"外加两杯白雪日本酒。当时店里只有几张椅子围绕着寿司台的小格局，几年前店面改装后成了三层楼的水泥建筑。

扩张之后的前两年感觉还很不错，但去年的秋天，久违地重访这家店，点了份"松寿司"之后，负责握寿司的年轻师傅一边和坐在他前方的两位年轻女性热烈地聊着天，一边开始握起我点的寿司。

握了一个之后，问道："小姐们休假的日子都到哪里去玩呢？"之后，用手拨拨自己滑落发鬓的头发后，又慢条斯理地继续握第二个，最后花了二十分钟才终于把我点的寿司握好。他把寿司饭平铺在现在流行用的"砧板"上，然后把手卷用的鲔鱼放在上面，这部分还算好，但他在握寿司时，把拇指大的鲔鱼全都给挤出来的肮脏感就让人敬谢不敏了。

我心想都放弃实在太浪费了，默默决定至少吃一半吧！但怎么样都兴不起吃的念头，最后只好匆匆付账后就逃离现场了。

我虽然算是多年来的老主顾，但我想今后我应该再也不会光顾"〇〇寿司"了吧。

◎

我认为，寿司店的师傅应该坚持理利落的小平头，时时都保持整洁干净，胡子也得刮得干干净净，握寿司的双手指甲也要干净到让人家觉得舔也没关系的地步。

虽然现在的握寿司流行把鱼类或贝类都切得很大片，但相较之下饭却显得很单薄，这样感觉上就跟单吃生鱼片没什么两样，不过因为我也喜欢这样的吃法所以并没有批评的意思。

在京都的三条小桥有一家叫"松寿司"的小店，很合我现在的口味，我也曾经有因为想要吃这家的寿司而特地跑到京都的经历。老板名叫吉川松次郎，六十岁左右，个头不高，在京都也有人认为他是个"怪人"。但从十几年前我无意间发现这家小店到现在，老板对我的态度没有一丝一毫的改变，老板对待其他客人也是一样，谦恭有礼，亲切至极。

这家小店只有一家人在经营，光顾的都是常客，所以我下午三点左右就会到店里去，悠闲地喝着酒、手捏着寿司往嘴里送。曾经，有位途中进来的中年常客语重心长地这样对我说："松先生是用自己的生命在握寿司的。"确实，握着寿

京都"松寿司"店的寿司

食桌情景

司时，老板的确是眼睛炯炯有神、面露精光，仿佛是使尽全身力气在握寿司，让人有种神圣的感觉。老板握完寿司后端到客人眼前时，脸上也总会露出如释重负般安心的微笑。虽然不是很清楚，但我想这样聚精会神地握了一天的寿司下来，身体一定是相当疲累的吧。

东京的上野广小路稍微进去一点的地方有一家叫作"杉屋"的牛排店，这也是一家小店。年迈的老板说："我累了，已经累到没办法继续烤牛排了。"之后，就把店收了，从此过着闲云野鹤般的隐居生活。虽然我只知道非关专业的一些皮毛，不过烤牛排时注意熟透度的部分似乎是非常耗费精神的工作，显然不是件简单的事。

听说女性较难成为专业料理家的原因也是在此，每天都专注于这狭隘的一点上，日复一日都要做出同样美味的料理，这件事情对女性的生理或心理都是过大的负担。女性的血液中存在着顺应现实然后迅速改变的基因。我家中的妻子也是，只要有不顺心的事情让她感到焦躁的话，连盐巴的量都会不知轻重，除今天早上的味噌汤跟昨天的不一样之外，昨天很好吃的白饭今天则变得难吃无比。这是男人眼中的女人，但女人眼中的女人应该很不一样吧？

无论如何，料理店的经营是非常辛苦的，只要有一次让客人吃到不好吃的东西，就算是长年的老主顾也会毫不留情地离你而去。即使每天都极端忙碌，一旦认为"我们店里的东西这样就很好了"，骄矜自满不去外头试试其他店里的味道的话，很快地就会被世间所淘汰。

"松寿司"的老板只要有闲暇就会积极地寻访日本全国各地，自我研究。也因此，他握出的寿司既非东京风也非大阪风，也说不上是京都风，而完全是他个人的独特风格。关于这一点我深感钦佩，也深深地认为对于自己的工作也该有如此的气魄才行。

料理与服务态度

京都的"松寿司"和我最近常去的东京银座七丁目加藤大楼地下室的一家名叫"菊寿司"的寿司店一样，都是夫妇两人在经营，因为省去了人事费用，所以这部分就可以用来买更好的食材，另一方面也可以减轻客人的负担。

不用说，这样的经营方式让家里的太太和女儿必须认真地分担所有的工作。虽然我和妻子并没有这样想过，但同是"菊寿司"老主顾的作家近藤启太郎说过："菊寿司的老板真是个道地的奇人、怪人啊！"

我会知道"菊寿司"是由近藤先生推荐的，但第一次和妻子一起去时并没有说出近藤的名字，这是我一贯的作风。

当时时间刚过五点，我掀开"菊寿司"的布帘，老板似乎还没完成开店前的准备工作，有点仓促地站出来迎接我们。

我因为是第一次来，也显得有点局促，略带紧张地问道："太早了吗？"

老板马上应道："没有的事，请进。"

从那天起到现在，老板夫妇的待客态度都没有任何的改变。母亲非常喜欢这里的寿司，只要我外带这里的寿司回去给母亲，她都会眯起双眼痛快豪气地一下子就吃完整盒寿司。母亲这样说过："这家的寿司，就算装在外带用的餐盒里也还是一样新鲜美味呢！"不消说，老板为了要握出一个小时后还可以保持新鲜可口的寿司，需要多么用心！

不只是寿司店，现在放眼望去，其他像这样用心的店已经愈来愈少确实是不争的事实。就算是普通的料理店或是餐厅也是，我相信女侍或服务生的服务态度不佳的店，料理也一定很难吃，因为再怎么好吃的料理也会因为恶劣的服务态度而变得难以下咽。这样的世风日下，要维持殷勤有礼的服务态度似乎是愈来愈难了。

我常去的下谷末广町的日本料理店"花房"里的女侍们则说过："我们不是因为薪水才在这里工作的。除老板娘人很好之外，我们可以在这里和睦相处，开开心心地工作才是最主要的原因。"

这家店的料理主任是曾邀请我当他婚礼介绍人的今村君，去年春天，他应众所皆知的料理界大佬矢桥丰三郎老先生之邀，前往麻布的某料理店担任主任。

但今村君跟"花房"里的同伴们感情实在太过深厚，无法轻言离开，于是只好天天往返"花房"和麻布之间。之后实在是太过勉强，只好恳求矢桥老先生让他重新回到"花房"，这件事情才告一段落。

就像上面的例子一般，被雇用的员工会忠实地反映出老板的人品和气度，这点实在令人感到有些汗颜。但也因此，只要看到员工马上就可以窥知老板的人品如何了。

◎

以河豚料理而闻名的筑地"河豚源"除了产季之外，大概有半年的时间都在歇业状态，专心地为下个产季的到来做好万全的准备。

从坐垫的更换、用餐器皿的保养，到把要用在"河豚翅酒"里的烤河豚翅加以干燥等，听说光这些准备工作就够他们忙碌个大半年了。

用这样谨慎的态度做生意，这里的河豚当然没有不美味的道理。

这里除了河豚之外并没有任何其他的料理，用来盛装食物的器皿为了要让河豚料理看来更加可口，也下了不少的功夫，这一切的努力着实令人叹为观止。

生鱼片、土锅、味噌汤、白饭、腌菜这样的上菜顺序跟别家并没有太大的差异，但味道却堪称一绝！

虽然外传这里是高级河豚料理店，但在女侍们面面俱到的殷勤服务下，吃着这样精致讲究的美食，在结账的时候反倒会觉得"一点都不贵"。我们结账时的心情，清楚地反映出老板做生意的"良心"。

这里的中年女侍们也是个个都贴心入微。之前去的时候，我对女侍说："这里的女侍们相处得应该很融洽，所以才可以把事情做得这么好吧？"

那位女侍双眼圆睁，有点惊讶地说道："您怎么会知道呢？"

其实不只是我，我想所有的客人都可以一眼就看出来吧！

这篇随笔散文于去年腊月初次发表，母亲和妻子读后来到我面前，异口同声地说道："你既然把我们当题材写进文章里，是不是该请我们好好吃一顿啊？"

我也干脆地回道："好啊！想想看想吃什么吧！"

两个人充分讨论的结果，说想吃"涮涮锅"。妻子之前吃过一次，但母亲还不知道什么是"牛肉涮涮锅"，母亲看了最近电视上热烈宣传的涮涮锅的广告，直说一定要尝尝看。

涮涮锅的做法是把牛肉切得跟纸片一样薄，在热汤中稍微烫一下之后捞起，蘸上淡醋和其他两种酱汁后一起食用，这样的吃法不论是谁一定都会觉得美味的。"涮涮锅"首次登陆东京，是在"二战"刚结束的时候。

我第一次吃到这种食物是在"石榴"的日本桥店，但听

说，其实在明治时代就已经有把牛肉和葱朵烫后蘸上醋味噌的吃法了。

三人是空着肚子出门的，但我们三人吃了四人份的涮涮锅之后就完全动弹不得了。

"这样美味的东西竟然不能再多吃一点，真是太遗憾了。"母亲这样埋怨着，我也有同感。

"石榴"的女侍不全是中年妇女，也有不少年轻女侍，但个个也都亲切可掬。

太鼓烧

刚迎接完新年的夜晚，我一时兴起做起了好久没做的"太鼓烧"。

其实这就是一般人口中的"大阪烧"，但对于我们这些在东京巷弄里长大的人来说，没有比这个"太鼓烧"更能引发乡愁的了。

我现在住的家是在两年前改建过的，改建时我曾认真地想过要准备一个附有铁板的太鼓烧专用餐桌，好让我可以做内含二十多种材料的太鼓烧，好招待来访的客人。但我们家实在过于狭小，最后就连长年梦想的宽阔浴室也无法如愿，更别说是那个附有铁板的餐桌。实在没办法的情况下只好像现在一样，在瓦斯炉上方摆上一个小铁板，勉为其难地自得其乐。

从昭和初期开始到一九一○年代，东京的巷弄里到处都可以看到路边的"太鼓烧"摊贩，不过这可不像现在的大阪烧一般是只要把所有的东西裹上面粉浆煎一煎就好了的粗糙食物。

师傅（个人很想这样称呼）像变魔术般地操纵着盛茶叶般的勺子和巨大的剪刀及厚实的"铲子"，一个一个地变出菜单上的各种太鼓烧。

最基本的材料当然是面粉跟鸡蛋混合好的面浆，其他还有牛肉丸子、花枝片、干虾米、土司、生牛猪肉、天妇罗碎片、高丽菜、洋葱、鸡蛋、红豆泥、中华干面和大豆麻薯等，这些都算是常见的材料，其他的则会因为店家不同而有不同的材料变化。

其中，会把材料放在面浆中搅拌的只有"牛肉太鼓烧"而已，做法是把牛绞肉与大葱和进面浆中，用力搅拌之后慢慢地倒在铁板上，煎好之后蘸上蚝油酱食用。虽然现在的大阪烧大部分都是这样的做法，但材料中要是有花枝和虾等海鲜的话，则必须先在铁板上铺好一个个小的面浆饼后，把海鲜铺上，上面淋上面浆后再把两面煎熟食用。

另外也有"煎土司"。做法是把土司两面涂上面浆之后煎熟，然后蘸酱食用，要价二钱。但要是土司上面再加上绞肉或高丽菜的话就要五钱才买得到了。五钱是我们一天的零用钱，要是在"煎土司"上面加上其他东西的话就必须要牺

卖"太鼓烧"的小摊

牲煎饼或红豆饼，但刚煎好太鼓烧的美味总是一再地考验着我们幼小的心灵，诱哄着我们把钱掏出。

"煎肉包"的做法是在面浆上铺上生牛肉或生猪肉后撒上面粉，趁面浆还没煎干的时候再撒上面包粉煎到熟，要价十钱。

"煎蛋包"的做法则是在面浆上先打个鸡蛋，煎好后用铲子将面饼折成长方形后淋上酱汁。

"汤圆"是把切成细条状的大豆麻薯铺在细长形状的面浆上，然后再加上红豆馅，卷起来后用剪刀剪成小块小块，之后再装进容器中烤好后盛起，最后淋上一层厚厚的黑糖浆，这个要价也是五钱。

我最喜欢的是加有大豆麻薯的"煎麻薯"，要价二钱。铁板炒面的做法跟现在几乎没有不同，另外有些店里只要一钱就可以吃到把高丽菜和天妇罗碎片炒在一起的"高丽菜球"。诸如此类，再写下去会没完没了，我决定就此打住。

"太鼓烧"的小摊一般都设在路口，各有各的风味和特色，但其中最远近闻名的首称"町田太鼓烧"。这里的老板曾经在下谷稻荷町经营西餐店，因为被人骗去了整间店，老夫妇俩带着一个孙子，毅然决然地拖着小摊车开始转行卖太鼓烧，这样坚韧的斗志实在令人敬叹。

东京的任何大小寺庙的结缘日，"町田"都会过去摆摊。我所生长的浅草永住町附近每个月七号是沟店祖师爷结缘日，一号的话则是小学同学阿部德男的父亲在当住持的下谷神社结缘日，"町田"在这两天都会出现。平常实在很难得看见"町田"的踪影，因此我们都会先把零用钱存起来，到了庙里结缘日的那天晚上，再咽着口水期盼着"町田"的到来。

因为老板原是正统西餐店的厨师，所以就算只是最常见的"煎牛肉""煎虾"，这里的风味也跟别家截然不同。再说，这里的价钱跟别家比起来也并无二异，因此就算大人们也只要听到"町田"，眼光就会为之一变。

这里连"炒面"都会讲究地淋上大骨高汤一起炒呢！最主要的面浆也总是让我们绞尽脑汁地想知道"里面到底放了些什么"。吃起来不但西洋风味十足，口感也相当松脆可口。

老板长得很像早期以演配角有名的美国影星爱德华·霍顿（Edward Everett Horton）。当老板在铁板前以他那双历尽沧桑的老手，一脸严肃地展现他那出神入化的绝技时，一旁吃着"煎牛肉"的我总会看得入神，忍不住地赞叹道："霍顿，你真是太厉害啦！"话声刚歇，"霍顿"先生转过头来，从上往下地看着我，然后面无表情地把一片刚做好的"煎牛肉"放进我的纸盘里，酷酷地说了一句："这是我的一点心意。"就这样，我完完全全被"町田"的老板迷住了。

回到家后，我坚决地跟母亲说："我要去'町田'那边当他的弟子。"

"你这个笨蛋！"母亲生气地怒吼着。

当时，母亲心中有着"只有小学毕业的话，未来只好靠身为男子汉的志气和努力"的想法，所以早已决定要把我送到她两个堂弟工作的证券行去当打杂的，好赚一些历练，因此对于我这样的提议当然不可能答应。

于是，在接下来的沟店祖师爷结缘日这天，我边吃着加有牛肉的"煎土司"，边跟"町田"老板诉苦："我跟妈妈说想要到伯伯门下当弟子，结果妈妈说不行耶！"

听到我这样说，"霍顿"先生回头与身旁的妻子对望一眼后转身对我说："真没想到你会这样想。"

然后露出略带寂寞的微笑，说道："不过你妈妈说的话是对的。"

"是这样的吗？"

"是的。"

然后，又多给了我一个高丽菜球。那是我唯一一次看到"町田"老板露出笑容。

◎

小时候，不只是住家的永住町附近，我也常常到浅草的下谷一带闲晃。

小学五年级的时候，有一次在鸟越神社附近看到一摊虽小却很干净的太鼓烧摊贩，我试着点了一份"煎牛肉"，一吃之下发现非常美味。

这家的老板是个看起来三十五六岁的叔叔，不过我想他的实际年龄一定更小，因为当时我还是个孩子，小孩看人总是会看得比较老。

总之这个老板跟"町田"的老板刚好相反，是个相当亲切，而且很讨孩童喜欢的叔叔。一听到我说："叔叔，我下次还要跟你买！"老板马上回应道："真的吗？那真是太谢谢了。谢谢你啰！来，用这个来庆祝我们交情更进一步……"然后多给了我一个"煎土司"。那时我心里就默默下了决定，除了"町田"之外也要常光顾这位"明星叔叔"的店，于是就常跑到鸟越去。

之所以叫作"明星叔叔"是因为这家太鼓烧的老板实在太帅了，附近的主妇阿姨们都交头接耳地说："长这么帅来做太鼓烧真是太可惜了，实在应该去当明星的……"我听了之后就暗自决定要称呼他为"明星叔叔"了。

"这附近的阿姨们都觉得你跟明星一样帅喔！"

听到我这样说，老板的脸色变得相当柔和，笑问道："你说的是真的吗？"

"真的啊！"

"来，多给你一个煎土司。"

"谢谢！"

有时候我也会随意地提议："把水煮过的马铃薯切成骰子大小，然后跟高丽菜一起炒的话应该会不错吧？"

明星叔叔听了后以拳击掌，开心地说道："真是好主意，马上来试试看吧！"

第二天明星叔叔马上准备了水煮马铃薯，没想到竟也意外地大获好评。

然后我又继续提议道："或者是把马铃薯压扁成泥煎过后，正中间挖一个洞打蛋进去，等蛋半熟以后盛起，这样应该也不错吧？"

"好、好，试试看吧！"明星叔叔马上就同意了。

这个也大获好评，连附近的主妇阿姨们也常买这回去当作家里晚餐菜肴的一部分。

对于这两样新的太鼓烧菜单，明星叔叔烦恼着："该取什么名字好呢？"我马上就想到因为是马铃薯，所以第一样就叫作"马铃薯球"，而第二样明星叔叔取名为"鸟巢烧"。直到现在，妻子还会三不五时地要求我做这种"鸟巢烧"来吃。

还有一次，因为客人只有我一个，我忍不住地要求道：

"我好想要自己做做看喔……"

明星叔叔也很大方地说："好啊！做做看吧！"

因此，我花了五钱做了"汤圆"，明星叔叔则边看边称赞："喔喔，很厉害嘛！"

那个时候虽然是这样做我就心满意足了，但之后可就没这么简单了。

一个月后我再去时，明星叔叔对我说："可以帮我看个店吗？"

虽说是帮忙，但可不是站在那里就可以的，重要的是要把东西煎好然后卖出去。不过相对报酬是，我想要吃什么都可以自己煎来吃，所以我也很爽快地接受了这个提议："成交！"

然后明星叔叔很快地动手做了煎牛肉、煎肉包和鸟巢烧后，盛在一般的瓷盘上后用布巾包上，满面笑意地对我说："接下来就交给你啰！"之后就不知道消失到哪儿去了。约一个小时后明星叔叔回来时，我已经搞定煎土司、煎牛肉等五个小孩要求的菜单了。从那之后，三四天左右明星叔叔就会对我说一次："交给你啰！"然后由我接下他的摊子，附近有些大人也觉得小孩子的我在看店的情况很是有趣，三不五时也会来光顾一下。

我虽然有时心里也会想："叔叔到底是跑到哪儿去了？"但那时候我还是个单纯的孩子，不但深深地相信明星叔叔所说的台词："叔叔在这附近有个生病的朋友，所以叔叔偶尔会带点太鼓烧过去看他"，还觉得叔叔真是个重义气的人呢！

但是啊，明星叔叔口中的"探病"却是个天大的幌子。

明星叔叔探的，其实是附近的一位太太，而且还不是普通的太太，听说这位太太其实是一个赌场主人的太太。这位太太三不五时地来光顾明星叔叔的小摊，也许是煎牛肉太过美味的关系，这位太太竟然大胆地诱惑起长相俊俏的明星叔叔来。

某日，我又依照往例帮明星叔叔看店时，发现在对面街角处，叔叔被三四名流氓包围着，满脸愁苦地向这里走来。我马上就冲了过去：

"叔叔，怎么了吗？"

叔叔因为恐惧而脸色铁青，低着头一句话也说不出来。

其中一个流氓亲切地对我说："弟弟，请让到另一边喔！"

"你想对叔叔做什么？"

"这不关你的事喔。"

"但现在是我在看店耶！可不可以先放开他？"

"啰唆！"

对我大吼之后，流氓们押着叔叔消失在我眼前。

实在没办法，我只好把太鼓烧的摊车拜托附近的人帮忙看着就先回家了。第二天放学后赶过去看时，摊车已经不在了，也不见明星叔叔的踪影。那之后，我就再也没见过明星叔叔了。多年后我才从住在鸟越的同学村田那里听说这件事情的大略经过，还听说明星叔叔的手指头被剁掉了。

"为了不让他继续做太鼓烧，他们把他右手的手指全都给……"

每次只要做起太鼓烧，我总会忍不住地想起我记忆深处的这两位师傅——"町田"的伯伯和明星叔叔。

京都街坊料理

日前，去了好久没去的京都一趟。以前几乎每个月都会去一次京都，最近因为实在抽不出时间，变得一年只去一两次了。

对于京都车站附近这十年来不断改变的风貌，我早已司空见惯，但这次站在三条大桥远眺时，却还是忍不住叹起气来。河流两旁的木屋町与底端的瓦砾建筑还是一样美丽如昔，但在背后却出现了数栋井然排列的高层建筑，鸭川两岸的景色在时代的巨轮中陡然变化着。

在这里，我并没有想要谈论新旧文化冲突的意图，但我所写的是历史小说，我故事中的角色们理所当然是生活在数百年前的时代中。平安、镰仓时代当然不在话下，就算是写到战国时代到江户时代这个时期的日本文化、风俗习惯等部分也势必得到京都取材不可，而我老早以前就已经放弃在江户（东京）取材了。"二战"之前，在东京至少还可以在一些市井平民的身上找到一些江户的影子，但这些已经完全被昭和时"二战"的战火所焚烧殆尽。不只是有形体的东西，连心灵上的部分亦残存无几。在东京，连"传统的人心"也荡然无存。

我进到现在从事的小说界近二十载，这期间之所以不断地前往京都取材，也是因为我在京都的街角里可以找到从前"江户"的影子。

在京都，我总会避开繁华的主要街道，密集地探访上京和中京一带街头。这些地方一入夜就会悄悄陷入无尽的暗黑中，古代的京都就在这样的暗黑中沉潜着，狭小的巷弄人车俱寂，没有一丝属于人的刻意声响。在这里，我可以充分感受到古代京都入夜后的真实，而料理店"万龟楼"就坐落在这样街道里的角落中。很早以前就想要问老板为什么取这样古意十足的店名，但我真正踏进这家店这次却是头一遭。

这家店位于以纺织布闻名的西阵一角，坐落在仅能让一台车勉强通过的猪熊小道出水上，店门旁安置着明治时期的瓦斯灯。一般外国的观光客就算知道"万龟楼"的名字想要来一探究竟，它的位置也不在一般观光客会涉足的地方。

这家店完全是为了京都在地人所存在，生意也相当地好。店里的大客间在新年宴会时应该是热闹非凡，但一入座之后就会发现这里竟也能让人有股不可思议的寂静感。

介绍我前往这家店的 F 先生为了要让我看到这家店里独门的生间流"连环刀法"，已经特别和店家打过招呼，于是我们先喘口气略做休息后就到二楼的包厢去了。

包厢里，一个巨大的砧板架设在金色屏风前，上头铺着白纸并摆置着长料理刀和鱼料理用的长筷，盘踞正中央的是一尾已经简单处理过的鲤鱼。

等了一会儿后，当家主人小西重义先生穿着狩衣、头戴乌帽、一脸凛然地出现了。而他同时也是生间流的第二十九代接班人——生间正保，年约三十五六，长相很是俊朗，貌似中村锦之助，却有着更加丰润的相貌与体格。之后我把自己的观感跟店里的人这样说，店里的人也笑了：

"对啊！真的很像小锦吧？"

"真的很像。"

店里的人似乎也都有相同的观感，也都对朋友说自己是在"万龟的小锦"那里工作。

言归正传。"小锦"从容地拿起长料理刀和长筷，摆出古老连环刀法阵式开始分解鲤鱼，并将切好的鱼肉排列在形似夫妇岩的大砧板上。"小锦"那双手优雅流畅的动作、精锐的双眼与那充满气势的身体力道，每一个动作都深具内涵，感觉像是看一场舞蹈。

这个"连环刀法"听说是在贞观元年（八五九）由藤原

中纳言政朝所公定，那之后在宫廷中的重大礼仪式的上菜之前，都一定会有这个刀法的表演。

生间家也为之后的镰仓幕府效命，陆续成为足利、织田、丰臣之家臣，最后在明治维新之际，因为帮助中纳言乌丸光德"一起全力提倡勤王，为了秘密行动到处东奔西走"，"当时当家的是生间第二十五代——正芳先生，功绩显赫"。"万龟楼"的介绍书上这样记载着。

小锦，不，该称之为生间正保先生，结束了肃穆的连环刀法后，露出和煦的笑容，开始热烈地跟我们谈起话来。老板是位相当热情的人，对于从业的伙计或是来这里用餐的客人都会殷勤地嘘寒问暖。

这时我听到一个有趣的故事。幕府末期，诸藩的武士或幕府的官员也常常光临"万龟楼"，其中财力最为显赫的是长州藩的人。当时，伴游的艺伎从祇园坐轿子前来，但实在是太慢了，长州藩的武士不耐烦地动怒了。

"艺伎来之前就这样杀时间吧！"

说完便拔出身上的武士刀开始胡乱破坏起榻榻米，并在店里胡闹生事。虽然当时的行为真的让人觉得很是困扰，但这些武士临走前，却留下"喏！拿去吧"一语后，丢下大把银子翩然离去。那之后，京都的市井里都以此戏称他们，说："长州藩是丁零零的有钱人。"

但相较之下，江户幕府外派的所司代或是奉行所官厅官员们就没这么干脆了。通常只要他们一转调回江户，之前赊账的部分就都石沉大海，也因此当时世人对幕府的评价普遍都相当低。

听说有名的侠客——会津的小铁也常常来到店里。而上上代的婆婆就常常对当时刚嫁进门的上一代主母滨枝女士说："会津的小铁可真是个可怕的人啊！"

◎

也听过这样的故事。

幕府动员了所有支持幕府的诸藩，将长州藩驱离京都之后，盛怒的长州誓言反攻回京，途中与守护皇宫的幕府军在市街中短兵相接，这也就是元治元年七月所发生的"蛤御门之变"。

当时，常有身负重伤的长州藩武士逃到"万龟楼"一带，最后不治倒地身亡。其中，也有些武士会将金币藏在自己衣服的暗袋之处，听说街上也有人专靠寻找这些尸体、夺取他们身上的财物而一夜致富的人。

言归正传，当我们回到里面的座位上时，料理和酒也已准备妥当。今晚的菜单如下：

先付开胃：盐渍鲱鱼子、粕渍鲑鱼子
子付前菜：白醋凉拌守口萝卜
向付前菜：博多风鲷鱼和鳕鱼子、龙虾盘、山葵、红蓼

清汤：鳖

温食：佐原荞麦面、萝卜泥、海苔丝

八寸合肴：团寿司、鲤鱼、茗荷

烧烤：土锅鳗鱼、百合根

盖物：油豆腐

强肴：鳗鱼豆腐卷

水果：凤梨

　　这里的每一道菜调味都很够味，这点我倒是挺开心的，像这样重口味的京都料理可是相当罕见的呢！

　　虽说现代日本料理的形式是由茶怀石料理发展而成的，料理的主流也几乎都着重在强调新鲜食材本身原有的风味，因此调味料也都尽量以清淡为佳。这也就是现在风靡东京所谓的"关西料理"的最大特色，连我年轻时所习惯的浅草"草津"或"一直"一带的东京风味也黯然失色。然而令人惊讶的是，我竟然会在旅行途中，在这样意想不到的地方遇到令人怀念的往昔东京滋味。

　　例如，在金泽的料理店"大友楼"里所吃到的加贺料理，也让我怀想起东京古味。尽管从外表看来完全不同，但味蕾却还是能感受到共通点，我想是因为这些料理店都是为了服务当地人与顾客的关系吧，和东京古时风味一样都是为了这些辛勤流汗卖命工作的当地人所创造出来的滋味。

"万龟楼"的料理似乎也说明了这样的传统。在长乐京的市街，又位于西阵这样的特殊商业地区中，"万龟楼"一直维持着这样的风格，创造出现在这样的味觉感受。

　　我并无意要对其他地方或其他家店的料理或食物加以批评，也认为没有比这更卑劣的事而引以为戒。人各有所好，尤其每个国家、每个地区都有其特殊的风土民情，因为不同的生活背景本来就会塑造出个人不同的味觉喜好。

　　从前，来"万龟楼"饮酒作乐的客人通常都是一身工作时的装扮、以工作时的正经形象来到店中，一来就先入浴净身。这时，店里的小伙计会帮客人准备宽松容易活动的替换衣物，让客人可以进入"接下来，好好享受吧"的轻松心情。

　　等到饭饱酒酣之际，也正好是祇园町艺伎的轿子到来之时。像这样的玩乐方式，不也有着属于市井人的平易风情吗？

　　"万龟楼"把对历史传统的坚持表现在所使用的器皿和料理上，尽管所使用的器具都深具传统，却完全不会让人有压迫感，我想就算是以现代年轻人的眼光来看，也一定会赞不绝口的。我深深相信这样的平易与亲切是所有街坊料理店该有的特色，是从女侍到老板、老板娘都应该要尽心营造的气氛。

　　夜深了，我们在店家热情的送别声中走出店门。天际无月，就京都的冬天而言是个罕见的暖夜。

  食桌情景

从丹后宫津遥望"天桥立"

◎

第二天也很暖和。我们搭上列车前往丹后的"天桥立"，并在日暮前抵达旅馆。

从旅馆里的房间透过两个榻榻米大的大片落地窗可以看到"天桥立"的景观。我们享用了松叶蟹火锅。负责接待我们的中年女侍的殷勤入微也令人动容。在这样的服务下，我相信不管吃什么一定都会觉得美味无比！

隔天，雨已暂歇，天气微阴，在宛若花开季节的暖意包围下，即使只是坐在车上皮肤上也会沁出一层薄汗。

走进丹后宫津沿海满是鱼店的市场中，同行的 S 先生以垂涎的口气说道：

"这里有甘鲷鱼呢！"嗯，果然是令人侧目的好货色。

我知道在旅途中买的东西最后都会变成沉重的负担，也因此在旅途中都告诫自己尽量不要买东西，但最后还是不胜诱惑地买了两尾甘鲷鱼。

鱼店的老婆婆脸上还残留着过去曾是丹后美女的气质，用盐帮我处理过鲜鱼后，将鱼和冰块放入空罐中递给我，共一千元。

这天，我先到若狭的小滨会了几位旧友，之后开着车沿着琵琶湖西岸直奔京都。本来预计要在当天晚上就解决在宫津买的甘鲷鱼，但脚却不由自主地走到"万养轩"享用了他们的牛排，等到回到家时已经吃不下任何东西了。

食桌情景

"这样重的东西，叫我们去帮忙拿就好了啊。"母亲和妻子这样说。

隔天早上，我吃着盐烤之后咸淡适中的甘鲷鱼，美味令人咂舌。母亲则是笑眯眯地吃完了甘鲷鱼，说："啊，我可以死而无憾了。"不一会儿又斜睨着我说道："不过啊，一想到我死后就看不到那些精彩的电视节目还真不甘心。"

电影中的餐桌

　　最近看过的那部电影《猎爱的人》（*Carnal Knowledge*），应该可说是呈现美国电影新力量的力作吧，原片名的意思是"性交"。

　　这部电影主要描述两个男人在性方面的"历史"，借着对他们在性方面放荡不羁的描写，刻画出现代文明社会中让人进退两难的颓废境况。

　　男主角之一的 G 在阅历过各种不同的性关系之后遇见了CM 女孩并开始了同居的生活。CM 女孩由著名的安·玛格丽特（Ann Margret）所饰演，女主角的形象是个已经失去了年轻风采、只剩下那丰满到令人讶异的雄伟胸部的女人，我其实对于她完全变身为剧中物化的女性而惊讶不已。不过与其说是安·玛格丽特的演技精湛，倒不如说这个角色真的很适合她，我相信这应该是她人生中演得最好的一部电影了。

此外，迈克·尼科尔斯（Mike Nichols）的演技也让人惊叹不已。

迈克不愧是家喻户晓的票房保证，他在剧中与杰克·尼科尔森（Jack Nicholson）和阿瑟·加丰克尔（Arthur Garfunkel）的对手戏也令人拍案叫绝。片中除对于男女间关系的描写相当深刻之外，对于两性的吃喝、睡眠以及对于各种"窝"的模式揣摩也让我们可以一窥美国两性的实态。

当厌倦了性之后，CM 女孩渐渐开始产生了建立家庭的渴望。这些人用一个星期到十天的时间就性急地到达了一般人需要花好几年的时间才可以领略到的性爱奥妙之境。而男主角一开始也是因为沉醉于和这个女人一起做爱的感觉，所以才会破例和她展开同居生活，但当对性的热情稍减之后，他对女方的要求也渐渐地倾向于充满母爱的家居生活。

然而，剧中呈现的只有横陈在床第间翻云覆雨的女性躯体，这个女人既不会炖煮热汤，也没兴趣维持居家的环境整洁。片中有这样的一幕。男人说："吃点什么当晚餐吧？"于是，女人慵懒地翻起身，走进厨房，把"焗烤速食包"加热后，倒进餐盘中后放上刀叉就又回到床上了。两个人一脸"难吃相"地吃了这一餐，我想，再怎么饥肠辘辘的男人，面对着这样的食物应该也会丧失所有的食欲吧。

最近看过的电影中，就属这幕用餐情节的效果最让人印象深刻了。

不管是电影或是戏剧，在关于食物或是餐桌的剧情安排上，要是无法呈现作品的主题性或是涉入角色描写的话，一切也只是徒劳罢了。因为电影或戏剧是一种将时间大幅浓缩，从断面看人生的艺术。或许是因为无法达到这个境界的关系吧，一直以来，美国电影中的用餐情景都让人觉得索然无味，端出来的食物也都寻常无奇，大部分的导演和编剧似乎都忽略了食物或餐桌所能表达的意涵。

但法国电影就很不一样了。在法国，就算只是普通的警匪电影也会很注意餐桌的表现方式，我想这一定是因为法国注重饮食的民族性使然吧。

在众多演员中，可以把美味的演技展现得最淋漓尽致的人是让·迦本（Jean Gabin），这个人的演技真的是精湛无比，对于吃的演绎可说是自然到家。从前让·迦本常主演朱利安·迪维维耶(Julien Duvivier)导演的电影，虽被人戏称为"白萝卜"，但在我看来，可以在镜头前面表现得这样生动自然的人，也只有他和加里·库珀（Gary Cooper）了。

颇久以前，有一部叫《金钱不要碰》(*Touchez pas au Grisbi*)的法国电影，虽然是警匪电影，但可以看出导演雅克·贝克尔（Jacques Becker）相当用心，是一部很不错的经典好片。在这部电影中，让·迦本饰演一位打算要金盆洗手颐养天年的老劫匪。故事从老劫匪在退休之前，邀请同是劫匪的好友联手从机场偷出价值五千万法郎的金块开始……然而，老劫匪的这位好友是个生性随便的男人，很快就向一个无关痛痒的女人炫耀他们的计划，因此被其他黑道老大得知此消息，使让·迦本也成为被黑道老大追击的对象。

某夜，让·迦本带着好友藏匿在一栋豪华的公寓中，让·迦本对好友这样说道："我们年纪也已经不小了，很多事不得不小心点了。"让·迦本对着好友忠告的诚挚模样让人动容不已。

深夜，在某个公寓的房间里，让·迦本拿出面包、香槟和奶酪，对着好友说："吃点东西吧！"之后自己也开始吃起来了。在这个深夜的餐桌上所摆放的食物和饮料，道尽了这个尽管已经身怀巨款，但没有妻小，一直独居至今的老劫匪的生活写照。老劫匪喝的不是普通的红葡萄酒，而是昂贵的香槟，光是这点就让人感受到导演的细心。在这样的场景中，要是改为女侍端上热汤的话就破坏气氛了。香槟、奶酪和面包，就宵夜而言是很好的安排。

尽管这是相当寂寥的一幕，但让·迦本撕着面包、切着奶酪的动作却让观众可以完全融入剧中。边吃着面包边切奶酪，然后静静地向好友提出忠告。除了让·迦本那个值得信赖的大哥形象之外，演对手戏的鲁内也演活了赖皮但也乖乖听大哥说教的好友这个角色。

旅行食记

以前常常到处旅行，并不是为了工作或取材，就只是随性走走。旅程中，常被大家误会我的职业，其中，说也奇怪，我最常被误认的职业竟然是"和服店老板"。在旅馆的女侍们眼中，我似乎看来比较像其他人，例如长崎的"中药行老板"或京都的"和服店老板"，有时则是札幌的"电机器具商人"。更有一次，我戴着帽子前往旅馆投宿，旅馆的女侍看到我便问道："先生，您是刑警吧？"通常这个时候我都是不予置评，让人继续误会下去。

以前曾在北陆栗津温泉的旅馆中教过一位旅馆的女侍治疗痔疮的体操，后来她在另一家旅馆当总管的先生相当感谢我，我想这对夫妇一定到现在还觉得我是"长崎的中药行老板山崎幸次郎"吧。

当初在那个旅馆投宿时是借用我住在长崎古町老友的住址和姓名，这位女侍后来把感谢函、谢礼和一些北陆的名产寄到我长崎的友人家中，然后友人再转寄到我们家，感觉上是麻烦了一些。

我称这样的游戏为"替身游戏"。人似乎在潜意识中会有陶醉在演戏中的倾向，我则是因为长年来在戏剧的世界里，从事编剧和舞台制作人工作的关系，在旅途中变化成各种不同身份的人总可以为我带来很大的乐趣。但现在因为觉得太过麻烦，已经很少这样玩了。

◎

大概是七年多前的事了吧。

我如往常地晃出东京来到羽田机场，对着来送行的妻子说："你去帮我买票，哪里都可以，买一张你觉得不错的地方的票吧！"

然后，妻子带着一张往冈山的机票走回来，递给我说："就去这里吧，因为卖票的人说这班飞机马上就要起飞了。"

"是喔，好吧，那我去去就回。"

"不要掉下来喔！"

"你去跟机长说吧。"

"再见。"

然后，我平安地降落在冈山机场。

在飞机上我认真地查了地图，找出自己接下来的目的地，最后选定到播州的赤穗一带。一方面是因为我没去过，另一方面是因为赤穗是忠臣藏城下町舞台的发生地，我从以前就很想要来一趟了。

这个目的地虽然只是临时起意也漫无目的，但我这一趟接触赤穗风土的经验却成为我后来写以大石藏之助为主人公的长篇小说《吾之登音》和以赤穗流浪武士为故事背景的《编笠十兵卫》这两本书的重要写作动机。

对我而言，不管是怎样的旅行结果都会给我带来很珍贵的灵感。我在赤穗城下闲逛了两天，住宿则是选择了御崎的"松风旅馆"。我搭着车在御崎的旅馆街一带晃了一下，在众多旅馆中选定了这个小而风雅的旅馆投宿。

这个小旅馆在我眼中是个平静、祥和且舒适的地方。不可思议的是，不只是旅馆，人住的地方其实也可以很清楚地反映出这个人的内心，只要看到屋子的外观，大概也就可以察知屋里之人的内心。

这个小旅馆由老板娘、总管、女侍三人所构成，我以在信州的上田一带旅馆经营者益子正吉的名义登记入住房间。我在上田真的有一个叫作益子辉之的朋友，关于这个朋友的故事就留待后述吧。

◎

逛完赤穗之后，我再次展开地图研究，决定下一站要去

播磨的室津。

室津自古就是个繁忙的贸易港口，古时更有"五港之首"之称，是九州、四国和中国[1]等大名往返江户和京阪之间必定停靠的繁华港口，而这里同时也以夏清十郎的传说而闻名于世。

从赤穗过去最快的方式是先搭往龙野或网干方向的国铁，然后再搭车越过山岭到达环抱着峡谷和潟湖的室津港。然而，这样显得有点无趣，于是我特地拜托旅馆的人帮我张罗从御崎的渔港雇用小船载我去室津港。

隔天早上，天气晴朗无云。

船夫是位仿佛把皱纹纸贴在脸上般满脸风霜的老者，我请老船夫帮我买了一升酒。

"老板，你的兴趣也真古怪，像室津那种脏乱的地方老板要去做什么呢？"

"没做什么啊，就看看罢了。"

"听说老板在信州经营旅馆是吧？做这种生意，每天都可以吃到上等美食吧？"

"我每天吃的也只有菜叶和味噌汤而已啊。"

"咦？是这样吗？"

---

[1] 北海道、本州、四国、九州为日本四大岛，其中本州岛又细分为东北、关东、中部、关西（近畿）、中国五个区域。

"是啊，就是因为做这种生意的关系才这样。"

就这样两个人边饮啜着冰酒，边悠哉地横渡播磨滩，我想这种与世隔离、遗忘尘世的感觉才是旅行真正的意义吧。

远方古老仓库的土墙、渔船和寺庙的钟楼随着小船愈来愈靠近港口而渐渐地清晰明朗起来，最后，我双脚终于踏上土地，这和搭出租车进港的方向完全不同，感受也迥异。

在室津，既没有食堂也没有面店，真的是个寂寥至极的地方。

我走进挂有"木村旅馆"招牌的小旅馆里，负责招呼客人的老婆婆跟我说："今天有海鳗的亲子盖饭喔！"于是我点了盖饭后，坐在沿着海岸布置的座位上，配着醋腌章鱼，先喝了两杯日本酒。

稍待片刻之后，笑得天真烂漫宛若少女般的老婆婆小心翼翼地端着海鳗盖饭走了出来。老婆婆的脚步不甚稳健，托盘中的盖饭也发出了锵铛锵铛的细小声响。这一幕不知怎地让我觉得心情很是愉悦，这样的愉悦也让我对老婆婆特制的海鳗盖饭的美味始终无法忘怀。我想，这就是所谓的旅人心境吧。

◎

老婆婆驼着背，拄着拐杖悠闲惬意地走在沿着海通往室津市街中的道路上。午后阳光灿烂，这个港口了无人烟，安静至极。"木村旅馆"的客人仅我一人，早上才刚在船上和

御崎的老船夫喝过冰酒，现在又喝了两杯日本酒，我吃完老婆婆准备的海鳗盖饭，请老婆婆帮我叫车之后，就忍不住躺在老旧的榻榻米上睡着了。

车子来到时已是夕阳时分。此时，本来像是废墟般的室津也渐渐开始有了人间的感觉，主要是因为到相生或姬路工作的人以及学校里的孩子和学生下课回来的关系。在浓浓的暮霭中，我搭着车到达姬路，决定今晚投宿于车站前的旅馆。

当时，木村旅馆的老婆婆说算我二百五就好了，现在想想就算是七年前，这样的价钱也实在太过便宜，因为我不但麻烦人家很多事，还在那里借睡了好几个小时的午觉。印象中，我坚持要拿五百给老婆婆，光说服老婆婆收下就花了不少工夫。

另外，好像也是同年春天的事吧……

当时我匆匆搭上夜行列车，在清晨时分经由名古屋，辗转抵达伊贺上野。那时也走进了一家离镇上有点距离的偏远小旅馆中，来招呼我的也是个跟室津老婆婆年纪相仿的老人家。

"不好意思，我想来点早餐……"

一听到我这样说，老婆婆就安排我坐了下来，然后问我：

"要不要顺便洗个澡啊？"

"好啊，谢谢。"

我在那里洗去一身风尘，满足地吃了刚煮好的白米饭和

从赤穗赴室津——横渡播磨滩

食桌情景

味噌汤，虽然没有喝酒，但算账的时候却得到"只要一百五就好了"这个不可思议的答案。当时为了要让老婆婆收下五百元也费了我一番工夫。

有老人家真好，在我的生活中，老人家是不可或缺的存在。

我虽然这样感叹着，但并没有因此让我们家的老母亲安安稳稳地颐养天年。

今年过年，在这个值得庆祝的日子里，我还是一脸严肃地对母亲和妻子这样说道：

"我年纪渐渐地大了，有些事也会愈来愈力不从心，所以从今后我们三个老人家不携手合作的话，只会一起倒下去！你（母亲）虽然已经七十了，但要是因此过于松懈的话也不行，要是你不继续努力振作的话，对我而言也会是个沉重的负担。"母亲听到我这样说，不怒反喜地对我说："好啊！我到死都会努力振作的啦！"只要有去买东西或是其他需要外出的工作，我都尽量麻烦母亲，这样做母亲似乎反而比较开心。

"当然我也会更加努力，让你们天天都可以吃到好吃的东西。"

听到我这样说，母亲笑着露出垂涎三尺的模样。

◎

一个人旅行的时候，也是个可以更加了解自己的契机。

在旅途中面对素昧平生的人们，自己所表现出来的应对进退、表情动作常让自己有"啊，在这些人眼中原来我是这个样子啊！"的全新领悟。但要是认识的人的话就不会有这种感受了，也就是说，我们总是可以通过陌生人的反应重新审视自己的存在。

更甚者，不是以工作为目的的旅行可以让自己全身筋骨活动起来，提行李、赶车、上车、下车……此外，也可以让自己心无旁骛地想着要吃什么，享受专心地把食物送入口中的感动。

在这样的旅行中不出几天，我就可以清楚地感觉到有股全新的力量从内心深处涌起，让我恢复活力。旅途中我的食欲也会变得更好，吃的也比在东京的时候多两倍。有趣的是，从到达旅馆吃完旅馆的餐点的那一刻起，马上就会又开始想着隔天要吃什么好呢。例如：

在长野市的常宿"五明馆"时，我才刚吃过旅馆里美味得不得了的餐点，心里却盘算着隔天要从松代搭车往上田去。"嗯，这样的话，明天中午顺便约上田市公所观光课的益子辉之出来吃个饭吧，哪里好呢？我想先在夏目海岸吃点荞麦面，然后……不，还是吃'但马轩'的马肉寿喜烧好了。荞麦面就等益子君带我逛过其他地方的庙宇，回到上田以后再说吧。不过，话又说回来，如果明天中午要吃马肉寿喜烧的话，那就算明天早上'五明馆'的早餐好吃，也不能吃太多了。"

如此考虑之后，我跟旅馆点了第二天的早餐——蛋包饭、番茄西洋芹和洋葱沙拉，外加一份燕麦粥，五明馆里有帮客人将热好的燕麦粥送到房间的贴心服务。

决定好之后，我钻进被窝里，却又兴起了新的念头。

"等等，让五明馆帮我做好两个便当，我带去跟益子君一起在草地上野餐，这个主意其实也不错啊！"

五明馆的便当是用杉木特制的饭盒，上层是芝麻饭团，下层则是炸虾、烤鸡肉块、盐烤鲑鱼、煎蛋、炖蔬菜等菜色，不但多样，配菜的色泽也极为漂亮，其美味的程度更是让人百吃不厌，害我想得口水都要流下来了。唉，男人的烦恼总是没有结束的时候。

第二天到达上田后，前来迎接我的是观光课人员益子辉之，他在学生时代可曾是在"全酪农"中名声响亮的人物。眼前这位青年现在除了仍对相声有着相当热情之外，同时也是业余歌舞伎剧团中的担纲"花魁"，更是别名"小宫山宗辉"的茶道名人，对信州的历史也知之甚详。

"我等你很久了喔！'但马轩'的马也已经跟锅子一起，正在等候你的大驾光临呢！"像他这样的朋友可以在我的旅程中出现，真是一件令人开心又庆幸的事啊！

梅雨中的豆腐汤

　　写小说的工作，必须让自己融合在故事角色的状态和性格下发挥想象力，才可以让工作顺利进行，但其中最为辛苦的就是，故事中写的所有事物都必须围绕"同一个人"这件事。

　　我觉得最难写的是五六十页左右的短篇小说，因为通常这样的短篇要在几天之内就必须全数完成，根本没有任何喘息的空间。通常我的习惯是，五十页的短篇排在五天内写完，所以每天若是没有十页的进度的话就无法如期完成。连载小说的话，通常都是一个很长的故事，花一年或一年半的时间完成，这个时候准备的时间相当充分，而因为写作时间也拉得很长的关系，故事中登场的每个角色的性格也都可以很顺利地慢慢发酵成熟。

　　但在写短篇小说时，这一发酵的过程必须在极短的时间

和极有限的页数下完成，真的很令人为难。但是，平常要是不先熟练短篇小说的写作方法的话，在写长篇时我反而会感到局促不安。

例如，我现在有两篇小说正在连载中，分别是《鬼平犯科帐》和《剑客商贾》，两篇虽然都是连载长篇，但事实上每个月的连载都是由一篇篇独立的短篇所组成。

虽说如此，但主角都是同一个人这点让我倍感安心。"鬼平"的主角长谷川平藏是个真实存在的历史人物，我已经写他的故事写了五年，关于他对食物的喜好、肢体动作的习惯甚至是癖好都已经了若指掌，只要一提起笔就可以完全地掌握情况。

我没有记笔记的习惯，也少有先构想出小说全盘架构后再下笔的习惯。一旦脑海中浮现了故事中登场人物的形象、性格或生活的样貌，我就会马上拿出稿纸开始写作，让脑海中的这个角色循序渐进地带领我进入故事情节……这是我写作的方式。

所以，若一篇短篇小说需要五天的时间才能完成的话，基本上前两天的时间我根本什么也做不了，也无法分心做其他事。唯一能做的只有痴痴地等我要写的故事的人物们苏醒过来告诉我内容该怎么走罢了。这一段等待的时间真的让我很痛苦。就因为我是这种"附身型"的作家，所以在投入工作写不同的故事时，也就常常被妻子或母亲说："好像变了个人似的。"我自己却是毫无察觉的。

我想妻子或母亲会这样觉得，应该也是她们起床后，帮我校稿看有没有漏字时发现的吧。

听说，在我写以战国时代为背景的小说时，只要写到有关战场剧情时就会常出现又是耀武扬威、又是张牙舞爪的表现，而当我写到"鬼平"在饮酒自娱时，对家里养的两只猫也会变得格外温柔可亲。

之前也提过，我在写两个不同的故事时，在情绪的衔接上倍感艰辛。我在人物的描述上一向比较弱，尽管如此，我也总还是很努力要化身为故事中的不同人物来完成故事，但在我的情绪可以顺利转换之前，手上的笔怎么也不听使唤。

因此，除了在家闭门苦思之外，我会尝试着用换衣服、听音乐来酝酿情绪。话说回来，音乐这东西真是奇妙啊，不知为何，心中就是会有个规矩，觉得"像这个时候就要听这种音乐"，托音乐的福，我从中获得了不少创作灵感。

◎

大约两年多前，我写过一篇名叫《梅雨中的豆腐汤》的短篇小说，直到今天也还有不少人读了之后，会来跟我说："你那篇写得真好！"

故事主角是一个年约三十七八岁的杀手。当然，我在写这一篇时也是想尽办法要让自己融入杀手的情境，说实话，写杀手这样的故事真是既苦闷又难熬。小说中的主角住在浅草郊外盐入河堤附近农田中的一幢小屋里，职业是做"毛牙刷"。这是他为了要混淆视听所制造的一个掩饰性身份，因为一个人孤单过日子的关系，三餐都是自己来，这位杀手甚至还是个喜欢下厨的男人。

其中有一节是这样的：

"……彦次郎睡着了。睡梦中，他做了一个悚然的噩梦。……梦中的人被拖曳着往沉重又充满血腥味的黑色血沼深处拉去，发出痛苦、有如猛兽在死前绝望的哀鸣，彦次郎听出那哀鸣的声音原来是出自自己时，顿时被惊吓而醒。"

这一幕在描述彦次郎拿了钱之后执行杀人任务，其中所有受害者所流的血，都在梦中折磨着他不得安宁……但其实这个梦是我在写这篇小说时的真实梦魇。

此外，还有一幕是彦次郎在要执行杀人任务的前一晚，连吞了三颗生鸡蛋后饭也没吃就草草就寝。这也是我在写作的当儿，不知怎地就是有这样的冲动，所以就下笔了。

还有一节是："彦次郎把今早桥场豆腐店送过来的豆腐和油豆腐切成细条状，放入土锅中，在火炉上煮了起来。豆腐汤是彦次郎最爱的食物，他把豌豆饭放到厨房中后，就着豆腐汤和烤海苔开始喝起酒来，梅雨带来的*丝丝寒意*让豆腐汤尝起来更加美味。"

虽说小说是我写的，但就算不讨厌，豆腐汤也说不上是我"最爱的食物"。但在写这篇小说时，刚好是天天阴雨不断的梅雨季，在彦次郎附在我身上控制着故事进度时，我自然而然也变得喜欢豆腐汤了。

豆腐汤其实是比较适合冬天的食物，但出现在这样充满寒意的某个梅雨季傍晚，反倒产生了一种让我这个作者本身也觉得合理的微妙情绪。

而这段后来证明是相当重要的一段。因为故事的最后一幕是杀手彦次郎和另一个男人起争执，但却不幸被刺杀的场景，而发现彦次郎尸体的，就是给彦次郎送豆腐的豆腐小贩。对我而言，我几乎是在迫不得已的情况下写了这幕剧情。

"……彦次郎倒下后右手仍然紧握着短刀，身体四周一片血泊。在他家门口的那一棵枝叶繁茂的柿子树下，豆腐小贩恐惧地尖声哀号并转身跑开……"

这篇小说就这样结束了。

从京都到伊势

　　早在去年，我就决定了这个夏天在周刊上的新连载要以伊势古市为背景舞台，但却到现在还没有时间去伊势好好考察一番。于是，在年过完前，我努力地先多写了一些稿件存着，然后抽出几天的时间前往伊势，心里计划着："去伊势之前，花一天的时间到京都晃晃吧。"

　　下午四点左右，我把行李放在旅馆后就飞奔出门了。本来想要直冲三条小桥的"松寿司"，无奈当我舔着嘴来到店门前时，却发现象征开店的布帘并没有挂出来，店门口贴了一张纸，上面写道："本日公休，敬请见谅。"我想应该是因为老板没有买到可以让他满意的鱼货，所以今天就不开张了吧。

　　我本来盘算着在入夜之前都要在"松寿司"好好消磨的，

无奈世事不能尽如人意。于是，我决定改往花见小路的"壶坂"，尝尝久违的他们的牛排，可惜这里也是公休，我的运气可真差啊！

我在四条京阪的车站买了份报纸，看了下电影的广告，发现 S 戏院正在上映我在东京没能赶上的《警探哈里》（*Dirty Harry*），马上就决定要去观赏一下这部电影了。

离电影开演的时间还有一个半小时，在这之前我决定先到四条河原町东向入口的"志幸"吃点东西，我到的时候明明还很早，店中却已是高朋满座。这家店以当年是幕府末年勤王志士古高俊太郎的秘密集会所而闻名，现在更是家喻户晓的名店，不过难得的是，这里的食物仍百年来如一日地美味。

我怀着这样的信任与安心感走进店里，果然这次也没让我失望。这家店虽然也是观光客的必到之地，但最主要的顾客群还是京都当地人，这就是"志幸"厉害的地方。这里著名的"利久便当"的价钱虽然涨了将近一倍，但这是因为物价攀升，本属无奈。店中挤满了来这边吃便当特餐的年轻女性们，让人有点喘不过气的感觉。

便当特餐以漆黑的饭盒盛装五六种菜肴，主食则是造型简单的拌饭，另外也附有一碗白味噌豆腐汤。通常只要吃这个便当特餐外加两杯日本酒就可以相当饱足了，但我今天则是另外点了鲷鱼生鱼片、芝麻拌青蔬，喝了三杯日本酒，最后还加点了京都酸腌菜。

明石鲷的生鱼片吃起来很有滑溜的鲜嫩口感，我先吃了一半，剩下的则配着热腾腾的白饭一起入口，别有一番风味。我最后配着红味噌山药汤和酸腌菜又吃下一碗饭，这才酒足饭饱地投身于这个入夜的小镇。

走进新京极的电影院时，电影前段的新闻已经开始了。

《警探哈里》是以冷面无情的刑警为主人公的一部电影，是由娱乐派的导演唐米格尔（Don Miguel）所执导的动作片。

故事中，主演刑警一角的克林特·伊斯特伍德（Clint Eastwood）正在小餐馆中吃着热狗，正好目击三个劫匪在对面抢银行。于是，这位刑警镇定且迅速地走出店门，悠哉地边咬着热狗边轻松地以神准的枪法制伏了三名劫匪。这一幕里，热狗的安排真是绝妙啊！不过，我之前看过的《霹雳神探之法国贩毒网》（*The French Connection*）一片里的比萨却更是经典。

《霹雳神探》也是相同类型的犯罪电影，但其中登场人物十足的魄力和故事的真实感更让人肃然起敬，这不但是一部娱乐电影，更可说是一部经典艺术片。

主角波佩耶（Popeye）是位中年刑警，一位在勤务中不小心误对自己的警察同僚开枪，却未被革职还是继续卖命执勤的刑警，对于这点我倒是颇感讶异，不过在美国，这种事似乎不足为奇。

电影中，有好几幕都是描述波佩耶刑警跟踪从法国走私毒品到美国的法国大毒枭的景象。其中更有一幕是气质温文尔雅的毒枭（由名演员费尔南多·雷伊〔Fernando Rey〕所饰演）与杀手在高级餐厅享用豪华晚餐，而波佩耶则是在餐厅对面人家的屋檐下埋伏着，此时，同是刑警的同僚为他买来了像是太鼓烧般的比萨，和一杯装在纸杯里的咖啡。

两个坏人坐在餐厅里既温暖又柔软舒服的椅子上，一脸优雅满足地吃着烤牛肉，惬意地品尝着高级葡萄酒的同时，波佩耶则在对面的街头忍受着纽约冬天的冻骨寒意，边啃食着看来冰凉难吃的比萨，边绷紧着全身的神经监视着餐厅里的一举一动，波佩耶那严肃的神情和餐厅里两人的放松表情产生了绝佳的对比效果。

此外，只要是喜欢电影的人，一定都会对导演从餐厅的大落地窗映照出街头波佩耶监视神情的取景技巧叹为观止吧，此外，应该也会有些微的毛骨悚然吧。"二战"后，照相技术已经相当成熟，也因此可以完成这样令人惊叹的高难度取景。

当然，《霹雳神探》的飒爽风格对我而言还是很受用的。看完电影之后，我穿过河原町的电车路，前往 M 馆继续观赏东映藤纯子的告别纪念电影《关东绯樱一家》。电影院里充满了热情的观众，这些观众们与其说是来看电影，不如说是前来目睹藤纯子风采的吧！走出电影院时，河原町已经回归安静，而我的五脏庙也略感空虚了起来。

我在往新京极的马路上悠哉地走着，不经意地瞄了眼从后面超越我的男人一眼，意外地发现来者竟然是新国剧剧场的辰巳柳太郎先生。

我跟上前拍了拍他的肩头，辰巳先生回头惊讶地说："喔，喔！你在这里做什么啊？"

"来看藤纯子啊。"

"你也是吗？我也是耶！"

"肚子有些饿了，正想说要到新京极吃一点蒸寿司果腹呢！"

"你也是吗？我也是耶！"

◎

"真巧啊！还真是不能做坏事呢！"辰巳柳太郎先生这样说。

"是啊，连在这样的地方都会巧遇，而且还那么巧都是去看藤纯子的电影……"

我们两个人已经很久很久没见面了。想当年，我和新国剧的辰巳、岛田先生因为舞台剧的关系曾经一起共事过一段不算短的时间，当时每天都会碰到，看得都腻了。

和这位先生更是有好几次意见冲突，互相叫骂、互说对方坏话，有时气到打起来，但最后也都能互相让步、和好。

我第一次遇到辰巳、岛田先生的时候，才二十几岁，而当时两人都刚年过四十。一路走来，也已经过去了二十五个年头，但辰巳先生却还是让我觉得他跟二十五年前一样，一点都没变。

"那么，一起去吃蒸寿司吧？"

"只有蒸寿司的话就无聊了啊，我带你去我熟识的店吃吧，很便宜的店喔，真的很便宜喔！可以吗？我很穷的。"辰巳先生总是在叫穷。

即使在新国剧的全盛时期，我们在大阪排戏的时候，他只要找我吃饭的话，一定就是去吃"大黑"的山药饭加酒粕蔬菜汤，吃完饭则来一杯"日出"的咖啡。很早以前，他的口头禅都是："因为我是吝啬鬼啊！"

不过这个人天生就让人讨厌不起来，北条秀司先生在跟辰巳先生大吵一架之后，这样说道："那家伙！真让人想拿刀砍了他……但，这个人的个性又有趣到不行，忍不住就被他牵着鼻子走了……"

以前辰巳先生到我们家来拜访时，妻子端上"铜锣烧"前来招待，没想到他在吃完三个之后，竟然大声地对着楼下的妻子喊：

"太太！还有没有铜锣烧啊？"

这位先生，不论是男女老少应该都拿他没辙吧。

新国剧从今年起也脱离长久以来一起合作的电视公司，独立成立自主剧团。第一回的公演定在二月，地点是演舞场。

这场《母亲的眼睑》剧中，令人惊讶的是老母亲阿滨由年已八十七岁高龄的戏剧界大前辈久松喜世子担纲。在第二幕之后，辰巳先生不顾众人反对，坚持"这一幕一定要让我出场"，于是只好安排让他也来到"阿呆和尚"的摊位。以前的他倒不会这样。

我一说起这件事，他也一脸不好意思地说道："对啊！对方也说，就是你一直叫我让你出场，我拗不过你才排进去的。"不过事实上可不全然是这么一回事。事实是，这次公演算是新国剧剧团的背水一战，参与这样一场重要公演的紧张感让辰巳、岛田这两位已年过六旬的老翁都可以重新体验到年轻时候的意气风发，让两人有"回到过去"的感动。不过也只有这两位先生自己才能领略个中滋味吧。

在木屋町一角名叫"逆锋"的店里，我们享用了"相扑火锅"。在店里的一角，我们两人大声喧闹着，从旁边看应该会觉得这两个人是在吵架吧，以前我们就曾经被人家这样说过，要不是因为席间不时夹杂着笑声，还真的会以为我们在争吵呢！

在沸腾的汤锅中，我们把大量的蔬菜和鸡肉塞入锅中煮开后大快朵颐，因为辰巳先生不胜酒力，所以只有我一个人点了啤酒。

夜深之后，我送辰巳先生回旅馆，发现大友柳太郎先生在大厅等候辰巳先生已久。同是新国剧出身的大友先生是个温厚的好好先生，对长上更是殷勤有礼。"不好意思打扰你和师弟的会面，我先走了。"我匆匆道别之后，回到我投宿的旅馆，梳洗之后马上躺到床上，不一会儿就进入了梦乡。今天是跟工作完全没有关系纯休闲的一天，明天起又得要认真工作了。

◎

隔天下午，我从京都前往名古屋，并搭近铁南下宇治山田。出站后，我开始寻觅着看来较为亲切的出租车司机，这个时候乘客较少，所有的出租车和司机都聚集在车站的前段。"啊！就是这个司机了。"我决定之后上了车，司机果然人还不错。这位司机看似三十岁左右，体态丰腴，服务有礼到家。

不过要是没有这样好的服务精神的话，像我这种一路上不断要求停车照相、做笔记的情况也会很不方便。我在古市的街道上晃了一下，也顺便到内宫参拜后，就请司机送我到"志摩观光饭店"了，当我正吃着有点过早的晚餐时，要来帮我带路的井上君等两人也从松阪那里赶过来了。

这附近的风景也渐渐地被一般观光据点共有的通俗性所湮没，娴静的海岸和郁郁葱葱的树林也早已被粗俗的柏油道路和粗糙的建筑物所取代。但是，难能可贵的是，"志摩观光饭店"的格调并没有因为它扩大营业规模而有所降低，服务态度甚至比以往更为亲切了。

这里著名的"鲍鱼排"也比以前更讲究，口感也比以前更好了，牛排也别有一番风味，美味无比。我在吃他们的鲍鱼排时，有种鲍鱼内所有的能量都随着我的咀嚼涓滴不漏地流进体内的温暖感觉，而这里鲍鱼的分量也相当足。

我利落地在的矢产的牡蛎上淋上柠檬汁大口吃下后，又吃了"志摩风香料饭"。这里的香料饭毫不吝啬地加入大量的鲍鱼等海鲜鱼贝，美味十足。井上君点的是海鲜咖喱饭，我跟他分了一口来吃，发现这道咖喱也是美味有加。

入夜，我们回到古市，投宿在一家古风十足的老旅馆里。

长歌与芋头烧酒

　　我现在正和同是作家的杉森久英先生一起，热衷地投入歌舞伎长歌的练习。

　　我们已经练习了十几首曲子，现在应该可以算是最有趣，却也是瓶颈的时候吧。每次在聚会中见到，杉森先生都会跟我提议说："池波，好久没练习了，一起练一下吧？"尽管杉森这样诚意邀约，但我总有种"事到如今再练习也无济于事"的消极感，始终提不起劲儿回应他的邀约。

　　我开始学长歌是在"二战"前我还在证券行的时候，当时和在兜町另一家证券行的好友井上留吉一起学了两年左右。若被问到我为什么会想要学长歌的话，原因是那时候我们两人都对歌舞伎相当着迷，心想学点长歌应该对看歌舞伎有所帮助，于是两个人便兴趣盎然地去学了。

我们两个人的歌声其实都有点呕哑嘲哳难为听，于是我们发誓"绝不在外人面前表演"，我们的练习不是以表演为目的。

然而战后……其实也就是几年前，有一次，我前往彦根市参加市长井伊直爱所举行的晚宴，地点是在以前井伊家祖厝所改建的"乐乐园"。席间，大家热烈地谈论着井伊市长的三味线造诣深厚的话题。

当时，坐在最前面的旧识舞伎小福也是长歌名人，不断地对我使着眼色，有点半强迫性地劝诱着我："池波先生，您也来首劝进帐吧，请市长先生帮您伴奏吧！"

我刚开始以"不太记得歌词"为由推辞了，但后来终于折服于自己内心想看看井伊市长弹奏三味线英姿的渴望，最后反而变得跃跃欲试了。

而极少在宴席间演奏的井伊市长也因为听到我说要唱长歌，愿意特别破例帮我伴奏。但我已经有二十五年的时间没唱过长歌了，所以事先说好小福也跟着一起唱。后来，市长也邀请了同席的弟弟井伊正弘先生一起参加演奏。

说也奇怪，我明明就已经有长达数十年的时间没有唱过长歌了，但却记得比我自己想象的还要牢，连自己都感到惊讶不已。十七八岁时的年轻脑袋果然可以记得比较久。

我边唱长歌边看着邻座的井伊市长，不知怎地有股莫名的、不知该称之感动或是冲击的情绪，在我内心深处激荡了起来。

我的工作是写历史小说，长久以来，我一直默默地希望有朝一日可以看到满身古代大名气质的井伊市长弹奏三味线的英姿。市长全神贯注地弹奏着三味线，正弘先生也是，眼前的这一幕让我肃然起敬，两人的额头上都因为聚精会神地弹奏沁出汗水。"这就是所谓的大名风范吧！"我内心默默地决定要把井伊市长和正弘先生的形象写进我的小说里，虽然到现在还没完成，不过总有一天一定会写的。

之后，我也诚心地向小福道谢："多亏了你，才让我在大家面前出了洋相啊！不过真的很谢谢你，让我可以有幸看到憧憬已久的井伊市长弹奏三味线的风采。"

听我这样一说，小福也不好意思地说道："会这样为难你，也是因为我也没看过井伊市长弹三味线的样子啊。"

每次看到井伊市长，都会让我对古时候的大名有新的体认。井伊市长是有名的井伊大佬井伊直弼的曾孙，市长的风范不但让我们缅怀起大佬的风姿，市长的施政方针和个人生活更让我看到了古代大名高风亮节的高雅垂范，不过这个话题先到此告一段落。

想当年，我还年轻时，和井上留吉两人在浅草千束町的入口处，租了山口吉太郎家的二楼作为我们的"秘密基地"，里面放有两人共用的小金库，金库里面锁着我们的股票和军用资金。那时只有井上一个人住在那儿，我则留在浅草永住

町跟母亲住在一起。

山口先生是专门教长歌的师傅，年约三十四五岁，还是独身，把我们两个当弟弟般地爱护着，我们两人之所以会找上山口老师来当我们的长歌老师，也是因为这样的因缘际会。

另外有位来跟山口老师（他的长歌艺名是松永和吉朗老师）学长歌的老学生三井清，也在证券行工作。这个老人可不像我们这些三脚猫，他不但长歌唱得好，三味线也弹得相当了得，不过他也是坚持"绝不在其他人面前表演长歌"的人。这位老人全身朴素，从外表完全看不出他身怀绝技，和可以当他孙女的年轻妻子一起住在深川的清澄町。占地不大的家中养了两只猫，听说他虽然每天都过得跟市役所课长一样的生活，但其实有钱到不行。

"有空来我们家玩吧！"冲着这句话，我和井上两人在茅场町的餐厅保米楼买了牛肉卷三明治，装进大盒子后当作伴手礼。这位三井爷爷道谢收下后马上打开盒盖，毫不吝惜地把三明治分给他那两只爱猫，然后才跟年轻的夫人吃了起来。

之后，夫人殷勤地端上美酒和斗鸡火锅款待我们，当时，三井爷爷在一旁啜饮着芋头烧酒。芋头烧酒的做法是，将山药切片用热水泡过后压成泥，然后放进日本酒滤过后加热即可。三井爷爷总是微笑着说："不喝点这个的话，实在没办法应付年轻妻子呢！"

又过了几年之后，我才知道芋头烧酒是从江户时代开始的，我马上把这个细节写进了小说里。在《鬼平犯科帐》的"凶贼"一篇中，我写下了老盗贼鹭原九平在手下柳原土所经营的小酒店中喝着芋头烧酒的一幕。

此外，在去年开始连载的《剑客商贾》中，我在写到主角老剑客秋山小兵卫和年轻太太小春的生活时，脑海中忍不住浮现起三井爷爷和年轻夫人的生活模式，于是就不客气地借用了。

鳗鱼

外祖父今井教三虽然只是个穷困的饰品工匠，但却有着"没有比只会拼死工作，却不知好好享受生活更加无聊"的信念，因此，外祖父只要一有闲钱和时间，就会出去作乐。

虽说是"作乐"，但外祖父对酒色并不感兴趣，因此所谓玩乐也只是看看舞台剧、看看相扑表演，或是去上野美术馆看看展览，再加上买一些自己喜欢的东西吃吃罢了。

听说在母亲小学毕业时，外祖父曾经带母亲到二长町市村座去看"伊贺越"的狂言，当作毕业贺礼。

外祖父过世时，我才十一二岁，不过印象中外祖父常常在展览季时带我去上野美术馆，也常在夏天的清晨走到离家不远的上野不忍池去赏莲花，赏完花后则到不忍池边一家叫"油豆腐"的店里吃早餐。

要是经济情况再好一点的话，就改吃浅草"中清"的天妇罗或"金田"的串烧鸡肉，要是吃寿司的话就到"美家古"。"金田"在"二战"之后换了经营者，店里的装潢也已完全不同，但我却到现在都还会去光顾，其实是被心中对那些遥远日子的怀念驱使所致。

而要吃鳗鱼的时候，外祖父会选择"前川"。此时，就算不太能喝酒的外祖父也会点一杯酒，在等鳗鱼烤好前浅酌一下，当时我虽然还是个孩子，但却已经可以陪外祖父喝两杯了。听说外祖父在母亲小学毕业之前都不准她去看舞台剧，但对外孙子的我却相当纵容。

之后几年，我开始在证券行当学徒，这段故事在之前已经写过了。之前提过的三井爷爷所服务的证券行老板，姑且称呼他为吉野先生吧，这位吉野先生对我和好友井上留吉都关爱有加。

吉野先生开的是一家现股交易的小公司，经营得很不错，吉野先生也相当地……心宽体胖……但却是个有着知名演员进藤英太郎般飒爽英姿的"大将"级长者。我们是经由三井爷爷的介绍认识吉野先生的，当时，吉野先生听到我说起家里的事，惊讶地说道："啊……我曾经请你外祖父帮我做过一枚戒指喔。"

缘分这东西真是不可思议啊，从那时起，"大将"在各方面都对我照顾有加。

 食桌情景

吉野先生也很喜欢浅草"前川"的鳗鱼，我和井上常常陪他去吃。我们总是先点些酒边喝边等鳗鱼烤好，我和井上总会想要另外再点一些鸡胗之类的小东西先垫垫胃，但吉野先生总是说："这样会让鳗鱼变难吃，不准点！"说什么也不肯让我们加点其他东西。而且，吉野先生每次吃鳗鱼一定都吃三人份。

　　吉野先生在"二战"开始前一年，在八丁堀的小公馆中藏了个千娇百媚的小老婆，听说她原本是讲武所的小旦，年方二十二，但看起来顶多也只有十八九岁。

　　吉野先生常邀请我们到八丁堀的小公馆饮酒作乐，总是一脸满足地叫唤着"小金子啊，小金子啊……"，更对我们说："我只让你们见而已喔！连三井我都不准他来呢！"

　　小老婆是个相当高挑白皙的女人，什么事都不用做，只要如孩童般地黏着吉野先生撒娇就行了。反倒是吉野先生殷勤地当个超级主夫，不但备酒，还负责准备下酒菜，就连煮饭也都是由他掌厨，不过他看来一副乐在其中的模样。

　　其实小公馆里另外有请一位帮佣的老妪，但吉野先生来的时候那个老妪就会暂时回避到她在本所的女儿家。

　　井上总是疑惑地质问："这样真让人看不下去耶！大将，那个看起来像红豆麻薯的女人到底哪里好啊？"

　　吉野先生听到这话不但不生气，还更显得意地说道："你不知道，小金子啊，你不要看她现在这样，她在那种时候啊，可是很会叫的呢！还有啊……"接下来更是没完没了。

吉野先生因为大老婆管得很严，年轻的时候完全没机会沾上花粉味，一直到过六十岁之后才终于有机会向外发展。不仅如此，他竟然连"我现在觉得很幸福喔"这种恶心到让人掉牙齿的话也可以轻易说出口。

吉野先生在小公馆时也常常叫附近的鳗鱼外卖来吃，当然也是吃三人份。他的目的应该是希望多补充一些精力吧，但最后却似乎有些弄巧成拙，再加上他年事已高却要应付年轻的小老婆，身体也不堪负荷了。

战争开始后没多久，吉野先生就缠绵病榻，他并没有住院，而是选择回到老家疗养，但病情却一天比一天恶化。我说要去探病时，因为听说吉野先生很想吃前川的鳗鱼，当时虽然不是鳗鱼的产季，但我还是想办法张罗出来了，不过我买的并不是"前川"而是银座"竹叶"的鳗鱼，骗吉野先生说是在"前川"买的，但他却吃不到三口就停下了筷子。当时，吉野先生除了请我拿钱给已经两个月没见的小老婆之外，还拜托了我一件难以启齿的事……

"阿正，麻烦你，帮我拿一撮金子那里的毛来给我吧！"

当时我还算是比较开放的年轻人呢，但对这样令人脸红的要求还是吓了一大跳。但现在年近五十的我渐渐理解了当时吉野先生的心情。

我想，要是我敢说，金子应该会很干脆地拿给我吧。但

我却始终鼓不起开口的勇气，想来还真是对不起吉野先生。那之后没多久，吉野先生就病逝了。

吉野先生和小老婆的故事被我写在《笨蛋乌鸦》里了，这也是我自己相当喜欢的小说之一。小说中，我化身为吉野先生的弟弟，不负哥哥的托付，确确实实地把"那里的毛"交到了哥哥手上。

忆儿时

　　现在的孩子物质生活过于丰富，吃的东西实在太多，就算把昂贵的奶油泡芙或蜂蜜蛋糕拿到他们面前，他们往往也不屑一顾。而现代父母们总一味地希望孩子们多吃多健康，不管是牛奶、奶油还是高级肉类什么的都舍得买，拼命地要孩子多吃一点、多吃一点……然而，都市里的孩子并没有可以尽情跑跳玩乐消耗这些热量的地方，再加上现代父母也比以前的父母更加要求孩子的学业成绩，极力想往孩子们的小脑袋中多塞点东西，这样做却反而把孩子们的食欲给逼退了……这不仅发生在日本，似乎也是全世界共通的现象。

　　◎

　　小时候，像我们这种出身东京街巷里穷苦人家的孩子都是吃什么长大的呢？我是在七岁时被在浅草当饰品工匠的外

祖父母所收养，不久后，再嫁的母亲又再次离婚回到娘家，当时我们一家六口一个月的生活费为三十到三十五元，还好房子是外祖父自己的，所以省了房租的开销。

早餐除了一定会有的热腾腾的味噌汤、白饭和腌菜之外，配菜的话几乎都是烤海苔、味噌鲔鱼之类的简单菜色，要不就是一些简单的炖鱼类（佃煮）。

带去学校的便当则是所谓的"海苔便当"，就是将烤海苔拌在饭里，然后再加上葱花炒蛋，偶尔换成酱烤鱼饭或又甜又辣的红烧豆腐。牛奶这东西的话则是喝都没喝过。因为母亲的灌输，我小时候总认为："牛奶这东西是给生病的人喝的。"虽然后来试着喝了一口，发现也不是什么好喝的东西。

晚餐的配菜大多是酱烤花枝或加有洋葱的炖肉马铃薯，汤的话则是蛤蜊汤，偶尔也会有鲔鱼生鱼片。除了这些配菜之外，早餐餐桌上的那些小菜，如白味噌豆腐也会出现在晚餐的餐桌上。

有时想要稍微奢侈一下时，母亲会到百货公司的食品卖场里买现成的炸猪排来做"猪排盖饭"，或是做牛肉奶油浓汤。我们家的经济情况穷困到不可能让我和弟弟继续升学，我们小学毕业以后就必须要出去工作赚钱。尽管穷成这样，我们却没有饿过，一次也没有。

我们总是吃得饱饱地在当时东京到处都有的草原、空地、木材堆置场或砂石堆置场中尽情奔跑玩乐，无论是大声喧闹、叫骂、吵架，还是哭泣、大笑，都充满了无穷的精力。这一点果然还是要感谢母亲，托母亲这样用心地让我们吃饱的福，我和弟弟即使到现在也没有生病过。母亲到现在也常感叹地说道："你们不生病才是最孝顺的行为啊！"

在这些食物中，我最爱的还是炸猪排、奶油浓汤和咖喱饭，另外我也很喜欢炸马铃薯条。

以前也像现在一样，猪肉店里面会卖一些与肉品相关的菜肴，如可乐饼、炸猪排等炸好的食物，其中也有炸薯条，若小孩去买的话最少可以只买两钱，大约有十根薯条。我呢，则是与其买甜食或煎饼，宁可把钱拿去买太鼓烧或炸薯条的那种小孩。

因为不是现炸的，所以回到家后我会把买来的薯条放在火炉上烤到脆脆的，然后在小盘子上盛满酱汁蘸着吃，这样的滋味真是美得不得了啊。

即使到现在，我在喝啤酒或威士忌时，也会先把马铃薯切成拇指大小以后裹上面包粉后拿去炸，然后蘸上蚝油酱吃，这样的吃法跟啤酒可是绝配。

午后，也常会有鱼贩沿街叫卖刚从大森的海里捕来的螃蟹和虾蛄，叫卖声洪亮，响彻街头巷尾。

"来了，来了！"早就在那里引颈盼望的外祖父马上就迎上去，买回来之后事不宜迟地马上烫，好赶上孩子们下午三点的点心。

因为蛤蜊或牡蛎是平价海鲜，所以常出现在我们家的餐桌上，不管是烤或做成味噌汤，又或者是和大葱、味噌一起炖过后配饭都很美味，其中我最爱的吃法是"蛤蜊萝卜丝"，只是简单地把蛤蜊和白萝卜丝稍微闷煮一下后撒上辣椒粉，就是道令人回味无穷的美食。

◎

不过，现在的高级料理店中，把两三个酒蒸蛤蜊放在盘子上就要价数百元，从前属于平民食物的鱼贝类今天已经贵到这般地步了。

在这个不仅天空、海洋已被污染，甚至连喝的水都已经开始危险的现代社会中，世界人口却还是不断地增加着。我想，这个世界上的人类，很快就得要面对来自大自然残酷的反击了吧！不过我希望那个时候我已经不在这个世界上了。

总之现在的情况是，新鲜的渔获量愈来愈少了，人口虽然增加有余，但捕鱼的人却愈来愈少了，也因此，我们可以吃到的鱼贝海鲜理所当然地变少了。今年二月，我因为工作需要去了四国的松山一趟，回程中，在严寒刺骨的冈山车站里等车，因为离夜行列车发车还有一个半小时左右，我和同行的F先生两人匆匆地躲进站前的一家小料理店中取暖。

店里由一个蓄有大胡子的中年男子和两个青年负责掌厨，我们点了鲷鱼火锅后，大胡子马上利落地把一条看来有三公斤重的鲷鱼切下一半，和青菜一起放进火锅里炖煮了起来。我们两个都忍不住暗叹着，心满意足地吃到一滴不剩，另外又点了五瓶日本酒、鲔鱼手卷两人份。这样一共是四千元整，我们两人都对这样低廉的价格惊讶无比！从我们惊讶的程度就可以知道现在的鱼是多么地贵！

家常料理

　　静冈县的骏河之国是个气候温和的地方，也因此当地物产丰富，山珍海味不可胜数。从前有个静冈的朋友这样说过："因为食材丰富的关系，所以在我们静冈啊，家常料理比较美味，料理店或餐厅里的料理反而比较难吃呢！"

　　真的是这样吗？虽然我并不清楚这句话的真伪，但从观光客的角度来看，这里似乎也没有看起来特别好吃的店。但话说回来，这个年头会招待客人到自己家里吃饭的主妇倒真的是愈来愈少了。

　　最近的名片上一定会印有公司的住址和联络电话，但却鲜少看到有人会把自己家里的住址和电话印在名片上的。男人们交际应酬、吃喝玩乐的场所都渐渐地离家庭愈来愈远，结果让外面的料理店和酒吧以惊人的速度增加着。虽然不清楚外国是不是也是这样，但我总有种错觉，觉得这世界上应该没有哪个国家的料理店会比日本还多。

现在似乎有些家庭有先生在晚上八点之后才回家的话，就不为先生准备餐点的规矩，原因是因为八点以后是主妇看电视的休息时间，真的是这样吗？

我们家的情况是，晚餐后是我的工作时间，所以来访的客人也会尽量错开这段时间，但要是真的有客人在晚餐时间来的话，我也会殷勤地招待他留下来跟我们一起共用晚餐。

因为要是不这样训练一下主妇对料理的敏锐度，她们做菜的手艺很容易就退化了。不管是独身或已婚，每个男人都一样，只要是在外面的餐厅吃到马铃薯炖肉或饭团这些家常的东西，都会觉得这是"妈妈的味道"而感动不已，然后这样的餐厅生意也会很好，当然其他店家也会跟着竞相效仿。我想，这应该是因为男人连在家里都已渐渐吃不到"家常料理"的关系吧。

前一阵子我认识的一个刚结婚的年轻人，新婚太太每天为他准备的早餐都是土司、火腿蛋和咖啡等西式早餐，他只不过说了句："偶尔也给我来点味噌汤嘛。"结果却被妻子瞪白眼，还被怒斥道：

"那样不入流的东西，我才不做！"

真的有这种事吗？不过我想他应该不是在说谎。

先不提这个……

最近，生活手册社出版了一本名叫《和风异国料理》的食谱，用心至极让我大为赞叹。这本书中记载了村上信夫（帝国饭店）、战美朴（王府）和常原久弥（大阪皇家饭店）三人所精心指导的一百六十多道料理，其中不只有丰富多彩的图片和详细的文字说明，更挑选了完全不善厨艺的出版社编辑们从头开始照着书做的例子，务求让书达到平易近人的效果。

在结语中，编辑部的人感叹着好不容易完成这些繁复的作业："我们只有把完稿和图片交给没下过厨的人，其他什么话都没说，最终目的就是要让不会做菜的人也能做得好吃，因此这中间要是有什么说明不足或没注意到的步骤，我们就会重新补上说明，必要时也会重拍照片……"

我买来后，马上就拿给妻子叫她做做看。现在已经做过的料理有焗烤比目鱼、巴黎风鸡肉饭、牛肉炒马铃薯和洋葱炸猪排等，不管是哪一道菜，只要照着书上写的做，"做出来的也真的跟照片和说明一模一样呢！"妻子这样说道。

这并不是变魔术，也不是买速食料理回来加工，所以从采买到调味的每一步骤都必须由做菜的人亲自参与，因此料理的手艺和敏锐度也会自然而然地进步。

前天，我要求妻子做"螃蟹豆腐"，做法是先用盐巴将豆腐和罐头螃蟹略微调味之后稍微闷煮一下，把上面的一层油屑清干净之后就是一道中国风的华丽菜肴。妻子把它盛在青瓷的大盘中，让大家一起吃。

我问妻子："这样一共要多少钱？"

妻子答道："大概一个人一百元左右吧。"

昨天，新国剧的年轻团员们来拜访，我请妻子做了"糖醋鲷鱼"。妻子用比目鱼代替鲷鱼，把五个人全都喂饱了，一个人也才只要二百五十元左右。

妻子说今天要做"爪哇风咖喱饭"，现在离吃饭时间还有两个小时，但我却已经有点雀跃了，光想想就开始流起口水来了。

我们家除了上述那本书之外，还用了矢桥丰三郎所写的《料理的精髓》。这本书文字相当简洁，照片也拍得还好，而且相当有实用价值。作者矢桥丰三郎先生可是日本料理界的长老，他尽力地用简明的文字将毕生的绝活毫不吝惜地写进书里，这本书可是一本料理秘传呢。

总之，我想说的是，如果在家里的主妇们都可以用心料理的话，人们就不会想要花钱去外面买那种像贴着浅草纸一样粗糙的海苔饭团或是那种一点味道都没有的味噌汤了。如此一来，就算有少数例外，大部分难吃的料理店也会从市场上消失了吧。

我要是一个人出去吃饭的话，一定会选那种以家里的火

力、设备和技术无法做到的料理，例如炸猪排、中国[1]的荞麦面、鳗鱼或是寿司这些东西。

[1] 参见第 65 页注。

从大阪到京都

　　近几年，虽然我到京都的次数已经数不清了，但却完全不会想要顺便去大阪晃晃，那是因为大阪已经成为一个和东京一样喧嚣繁杂的都市了。但从前有一段日子，大阪对我而言是东京之外第二熟悉的城市，在这个城市中有着许多难以磨灭的珍贵记忆。我虽然现在是以写历史小说为正职，但十数年前，我的生活重心其实是帮新国剧写剧本和舞台制作人。

　　当时，新国剧正迎向大战之后的全盛时期，以商业娱乐为主的剧团公演几乎场场都大受好评，除了好不容易交涉而来的一个月休假之外，一年中的其他十一个月都在忙于剧场公演的各项事宜。当时的公演真可谓麻烦透顶。举例而言，下个月要在东京进行新戏的公演，这个月就必须在前个戏目的名古屋或大阪公演杀青后连日地排戏，等到剧团回到东京后，公演一周前也必须天天在舞台上走位排演。

而在大阪新歌舞伎町座公演时，我通常也会跟着剧团一起前往大阪，其间大概有半个月或二十天都会待在大阪，边写剧本边跟着排戏。那时我常常投宿位于道顿堀的北端、相合桥北诘玉屋町一家名叫"大宝旅社"的小饭店。

这里因为离剧场街很近，常有戏剧界的人光临；这里因为没有附浴室，价格相当低廉。女侍们都穿着死板的制服，既不妩媚多姿也没有特别亲切殷勤。虽说如此，但一旦住过这里之后就完全不会想要去其他旅社了，就这点而言这可说是一家不可思议的旅社。

旅社老板名叫青木政胜，是个白发苍苍、肤色也相当白皙的温和长者，老板娘叫阿葛，是个丰腴亲切，却也刚强无比的女人，而这两个人可都是典型的洁癖。现在就算你是投宿在最高级的旅馆里，垫底的被单和枕巾虽然会帮你换成新的，但棉被的外罩却几乎从来不换。因此，只要一想到不知道有多少人睡过这床棉被，我就会觉得浑身不对劲。但在"大宝旅社"，不管你是谁，也不管你住几天，每天你的所有床具都会更换成新的外罩，而且还都有洗衣店烫过的平整感，你住几天就帮你换几次。住在这里的话，餐点都必须自行解决，这里跟纯旅社一样只含住宿费用，但不管晚上多晚回来都一定会有人帮你开门，这点对我们这些必须工作到深夜的剧团成员来说，是再方便也不过的了。

已故的市川寿海先生和片冈左卫门、尾上多贺之丞·菊藏父子等有名演员也都是这家旅社的常客，清晨时也常可以听到左卫门先生读经的声音回荡在走廊间。老牌演员多贺之丞先生似乎很喜欢炸鸡，我常常看到他房间外摆有没吃完的炸鸡盘子。

　　我阔别五年再次来到大阪，第一站就是前往探访过去的"大宝旅社"。但是旅社已经在七年前歇业，原来旅社的位置已经改成名叫"绿屋"的租屋中介公司，不过还是由旅社老板在经营，但年事已高的老板娘阿葛则搬到京都过着隐居的生活了。

　　我走到位于地下室的办公室后，才听说小绢（大宝旅社女侍中唯一一个还在的女侍）也因为手腕骨折而住院了。结果，这里已经没有可以让我追忆往昔的东西了。而宗右卫门町那混浊的喧闹，也无法让我得到任何慰藉，此时，我遥想起当年的小串烧店"树枝"。

　　"树枝"本来只是在法善寺附近街道上的路边摊，到了傍晚，不早点到的话就会被那些闻香而来的客人一抢而空，这样一来就吃不到这里美味无比的鸡肉串烧了。这里的老板虽然年轻但却总是面无表情，不只这样，他在烤鸡肉时也总是一脸凶悍；而站在一旁的老板娘也是漠然地串着鸡肉，偶尔空出手帮客人倒酒。尽管老板夫妻两人都是如此冷漠，但客人却还是络绎不绝，这样的落差正说明了这家店的鸡肉串烧是多么美味。

此外，这里的腌茄子也是不可多得的绝品。有一次我连续加点了两次，想要再加点第三次时，老板凶狠地用白眼瞪着我说："没了！"当时老板的样子真可怕。

我在酒场地铁的入口附近看到"树枝"的店面，虽然店面不算大，但已经不是路边摊了。我轻轻地打开店门，老板夫妇还是跟以前一样一脸冰霜地准备开店事宜。我怯生生地问道："请问几点开店？"

老板娘不耐烦地对我说："六点开始，不过到八点前都没位子。"老板则是看着我这边咕哝着，看来这里的生意还是跟以前一样好。

走出道顿堀，我走到许久未曾光顾的"佐野半"店前，这里是大阪南部名代的店，但知道的人却不多。"佐野半"是家已有百年历史的鱼饭老店，我最喜欢的是他们的"赤天妇罗"，以前待在大阪时常常买这里的"赤天妇罗"回旅社，第二天早上配着白萝卜泥一起下饭，而所谓的"赤天妇罗"其实就是东京的"炸地瓜"。"佐野半"店里的鱼饭完全不会使用冷冻鱼肉，都是使用新鲜海鳗、石首鱼或鲌鱼等高级鱼材打成鱼浆后制成高级鱼饭，这里的食物也没有在百货公司设专柜。

尽管我总是告诫自己"旅途中买的东西都会变成负担"，但却还是忍不住买了一包"赤天妇罗"和"烤竹轮"。

两天后我回到东京，将烤过的"赤天妇罗"配着白萝卜泥、酱油一起吃，顿时让我有回到十几年前的错觉。人和食物之间的联系，真是既奇妙又复杂啊！

◎

自从买了"佐野半"的"赤天妇罗"后，我脚步就在南边的繁华地带踟蹰了起来，在大阪的每个角落、每一家店似乎都潜藏着过去我在戏剧界时的影子。

我一头闯入戏剧的世界是在"二战"结束后的那年，我当时三十七岁。从那时起到我拿到直木奖正式进入小说界的十年间，我完全跟着新国剧一起一路走来。当时的新国剧里以身材圆滚的岛田正吾和辰巳柳太郎为首，每一个团员都充满了干劲与斗志，那些年轻的研习生一直到现在也还会常常话说当年："我每天只要一走到剧场，整个人都感觉精神抖擞了呢！"

当时，北条秀司、中野实、八木隆一郎、宇野信夫等剧作家也会为新国剧编写剧本，也不时会有评价甚高的新作品问世，我夹在这些优秀的前辈们之中，更是不敢有一丝懈怠地积极创作着。连我自己都会觉得"二战"前在证券行的那个自己，仿佛已经是上辈子的事了。

事实上，岛田先生和辰巳先生这些比我年长二十几岁的大前辈，也曾因为我的态度过于强硬让两人都觉得很不是滋味，大概也都觉得我这家伙年轻气盛，不知天高地厚吧。但是现在回想起来，我自己也深深地感慨，要是没有那个时候这样气盛的自己，也不会有后来转行当小说家的自己了吧。现在的我站在这里，心境上也回到"二战"之前的模样。

恍惚中，我已经来到千日前巷子里的"达摩"店前。在昏暗的暮色中，这家古风味十足的料理店仍和以前一样凛凛地挺立在这个凡世之中，打开门走进去，店里似乎将流逝的时光全都冻结在这个小小的空间里，一瞬间让我有重回十数年前般的错觉。

正中央的玻璃柜中排满了炖鳕鱼子、章鱼炖蕨蕨、煎蛋、鸡肝、甘贝花枝、竹笋蕨蕨等一盘一百元的熟食料理，最贵的是鲍鱼生鱼片和焖鲷鱼头，要价五百元。客人可以依照自己的喜好从柜中拿出想吃的料理，酒的话则有啤酒和日本酒可供选择，最后可以再来一碗这里远近驰名的"红味噌山药饭"。在这里，不管是美味度、廉价度或是饱足度都让人无话可说，绝对可以让你心满意足地走出店门。

我边吃着章鱼和竹笋边偷偷观察着旁边那位酒店小姐，她点了山药饭和焖鲷鱼头，我猜想她应该是在上班前先来这里饱餐一顿的吧。

◎

街道上，入夜后灯火通明。我姗姗来到难波新地、御堂筋东侧的"日出"咖啡，结果却吓了好大一跳！"日出"已经不见了，取代日出咖啡店的是手打拉面店。从前，不管是早上、中午或是晚上我都会来这里喝一杯咖啡，有一次早上去时还碰巧遇到辰巳柳太郎先生对着老板夫妇半叹气半感慨地大声宣言着："不去了，不去了。现在要不是年轻女人陪的话，就不会去那种地方啰……"

那时候我中午在御堂筋对面的"大黑"吃过山药饭和酒粕蔬菜汤后，就会来到"日出"，晚上要去排戏之前也会先到这里喝一杯。原本想来跟好久不见的老板夫妇打声招呼，无奈只能败兴而归。突然想起听说过他们几年之前在宗右卫门町开分店，我试着前往那家分店，这才见到了人，但现在这里已经变成是老板的侄子在经营。

"本店不做了吗？"

"是啊！叔叔和婶婶现在在千里的公寓中养老呢……"

"这样啊……"

"我帮你打个电话联络一下吧……"

电话接通之后，从话筒那端传来老板的声音，因为老板娘的身体不太好，而大阪现在又俨然成了个嘈杂的都会，于是两人就决意退休养老去了。

"请务必帮我跟辰巳先生问好……"老板这样说着。

"日出"的咖啡、辰巳先生和老板夫妇，这三者对我而言是记忆中无法分割的部分。

入夜后，我和旧友藤野先生和本书编辑 S 先生碰了面。藤野先生跟我一样是东京出身，大概比我年长个三四岁，现

在是某新闻社大阪分部的部长，一个人住在目下西宫。他给我的感觉就是古时在东京街道上漫步的江户人，英姿飒爽、性格沉稳、有男子气概而且爱妻子、爱家庭、有存在感、酒量好又风度翩翩……要我来说，他给我的感觉简直就是江户男子的完美典范。

曾有一天，我和藤野先生在京都车站前不期而遇，对于我们两个都刚好要去吉原酒家一事两个人都觉得很凑巧。

"你要去哪里呢？"

"T楼。"

"嘿嘿，真令人惊讶。其实啊，我也是要去那里呢！"

"是喔……"

"要去找谁呢？"

"这个嘛……"藤野先生微老的俊脸微微地赧红，并举起手制止我继续问下去。

"说不定我们要去找的是同一个人喔……"

"应该不会吧……"

而另一位S先生则比我小十五岁，在他刚进到朝日新闻社没多久时，曾跟我一起去加贺金泽取材过。在回东京的前一天晚上，我听到S先生喃喃自语着："明天在列车上要吃什么便当好呢？"之后，我马上就喜欢上这个人了。

我们三个人从霓虹绚烂的御堂筋往北走前往淡路町的"丸治"。"丸治"是位于渔船商家们聚集处一角的小小料理店，这里的夜晚，总让人有万籁俱寂的宁静感。

◎

若说京都的"万龟楼"是代表西阵商家的料理店的话，大阪的"丸治"则是代表船场的市街料理。"丸治"跟周遭其他的商店并没有两样，只在店门前挂了个"丸治"的小木匾，既没有招牌也没有挂营业用的布帘，只有从店里流泻出来的昏黄灯光算是在招呼客人。

走进店里后，可以看见三个独立式座位内的石地板，餐桌桌面则是由五英寸厚的榉木一体成形，四周由箱形座位所环绕。虽说二楼也有座位，但我以前就比较喜欢在这种有包厢感觉的独立位子上吃东西。这家店给人细心严谨的感觉，店里窗明几净、一尘不染。

餐桌上摆有用樟木木片做成奏折状，并用麻绳捆成一束的"菜单"，我们边翻着这个有特色的菜单边决定自己要吃什么。酒端上来之后，我们边啜饮着美酒边点这点那，我们之所以可以这样悠闲地照今天的心情和身体状况决定要点什么，也完全是因为老板娘和店里女侍待客亲切，这家店的殷勤服务，我们可以有着在自己家里吃美食、喝美酒的温馨自在享受。

曾经有一次……

两位士绅气息的中年男子进到店里，边喝酒边聊道："这里的料理虽然美味，但……"这两位先生对店内的装潢、插花的方式和石地板上没有洒水等评论一番后，建议老板娘："洒点水会比较好喔！"

殷勤有礼的老板娘一听到他们这样说，马上应和道："好的，我现在马上就去。"之后，走到屋后提着盛满水的水桶走出来就要洒水，不一会儿老板就从后面追了上来，一把抢过老板娘手上的水桶后悻悻然地走回里面的厨房。老板负责在幕后掌厨，平时很难得露脸，然而那时会出现应该是因为实在无法坐视不管吧。

藤野先生和Ｓ先生都先点了鲇鱼生鱼片，日本酒则是选择古法酿造的"菊正"酒。这里的嫩竹笋海带汤和醋味噌鲸鱼干也跟从前一样还是让人吮指。"达摩""丸治"和"佐野半"这些店都坚持遵循着古来既有的传统，既不骄诮富贵，也能贫贱不移，一路走来，始终如一。

◎

离开"丸治"后，我突然灵机一动，带着两人来到初天神玉垣附近的"阿弥彦"。这家店带有一些遗世独立的气息，开店许久，以前更是除了烧卖之外其他什么都不卖的小店。

这里的烧卖内馅有猪肉、大葱和香菇，老板将包好的小烧卖在客人的面前用平底锅半煎半蒸，吃的时候配上芥黄酱油，另外也会附上大骨高汤，我记得很久很久以前，一人份应该是只要五十元……

店里还是高朋满座的盛况，不过还好夜已渐深，我们也很幸运地找到三个位子坐下。付账时，加上我们外带的一人份共四人份是三百六十元，虽说是比以前贵了，但老板的从业精神却一点也没变。

虽然无法想象得到"阿弥彦"的老板在"二战"前到底度过了怎样的人生，但我想在他心中一定有着无比坚韧的意志力和坚定不移的原则，这些都如实地呈现在店里那些有个性的烧卖上。

这里的烧卖造型可不是普通的圆形，而是用手指把皮拉起后紧紧捏上，收口处留有明显的痕迹，总之造型相当有趣。之后，将包好的烧卖放入大平底锅中用大火快煎，如此一来烧卖也会有与其独特造型相得益彰的美味。

"阿弥彦"对面的关东煮"常夜灯"也是我们过去常常光顾的店，令人感到相当怀念，但肚皮实在过于饱胀，就无缘再续了。

此时，S先生手上提着从"达摩"外带的山药饭，问道："那要去哪里吃这个好呢？"

"那去'谷'吧？"藤野先生提议道。

"嗯，好啊，走吧！"提着山药饭的S先生话声未歇就已经带头迈起大步了。

铁板烧店"谷"位于离初天神不远的北梅枝町，这里已俨然成为藤野先生和S先生的"巢穴"。辛苦工作一天后前来寻求酒精慰藉的客人们将店里挤得水泄不通，中年但却仍

美丽如昔的妈妈桑站在小姐们和中年女侍们的前头，贴心殷勤地照顾着客人们的需要。我们在这儿又吃了"谷"的铁板烧、关东煮和自己带来的山药饭。离开店里后，我们在梅田的繁华地带闲逛了一下后，因酒意而微醺的藤野先生说道："今天我太太从东京来，所以我就先失陪了。"之后，就带着从"阿弥彦"买来的外带烧卖消失在车站另一头了。

翌日，我离开大阪到达京都，一个人悠闲地往西边方向的四条大桥悠闲晃去时，突然听见后面一阵追逐的脚步声朝我而来："哇！真没想到会在这里遇见啊！"

"啊……这不是片冈君吗？"

片冈一（假名）是我的友人之一，目前服务于某大公司的采购部门。

"这么巧，那一起去吃饭吧？"

我这样说，心里正想着要去一直没机会去吃的鹰之峰怀石"云月"呢。

京都在近年来也愈来愈像大阪和东京了，国籍不明的风化店和奇形怪状的建筑物把青山和绿水逼向远处，就这样，连日本唯一的古都也渐渐地被侵蚀了。一想到这个，我心里默默决定"凡事都得及时行乐"。于是从十年前开始，只要一抽出时间我会往京都跑。但就算是京都，唯一未有改变，风情依旧典雅如昔的地方也只剩洛北鹰之峰了。从闹区四条河原町搭出租车到这里只要二十分钟，但却仿佛置身于另一个世界一般，这里应该是京都最令人惊喜不已的世外桃源了吧。

"鹰之峰"位于京都市北区紫竹西北、西贺茂西方，背对着鹰之峰、鹫之峰、天之峰三座山，是个高原型村落，可以俯瞰整个京都市。

从前，德川家康将鹰之峰这块地应允给工艺家本阿弥光悦，光悦不只是在工艺方面表现卓越，在刀剑鉴定、绘画、书法上也都有极高的造诣，他那无人出其右的精湛表现甚至连德川将军都深深佩服。光悦将弟子和门徒们聚集在鹰之峰，在这里建立了一个艺术村落，创造出数不胜数的绝世艺术作品，这段历史相当有名，应该无人不知。

我很喜欢从金阁山的后山，穿过冰室古道走到鹰之峰，这条山径被北山群山环抱，即使是观光旺季也鲜少人迹。

三年前的年底，当时我正在为长篇小说《那个男人》的构思绞尽脑汁，凑巧来到京都，于是就来这里走走。当我来到了鹰之峰由本阿弥光悦创立的"光悦寺"时，突然灵光一闪，就有了对《那个男人》的灵感。不过就我的情况，虽说有灵感也不会特意记笔记，也不会有从头到尾的完整架构，完全就只是一种"刹那间的感觉"罢了，但这个感觉却可以停驻在我脑海中让我顺利地完成写作。

但是，等待灵感降临之前的这段时间是很痛苦的，还好只要我日日夜夜用心思索，这个灵感也总是会如愿降临。当然，写作时也有痛苦，但这样的痛苦却远不及没有灵感时的痛苦。

当时，怀石"云月"还在金阁寺前营业，我虽然从店门口经过几次，但却迟迟没有机会走进去一探究竟。"云月"现在位于鹰之峰常照寺的隔壁，从我们用餐的位子上就可以看到绝世名伎吉野太夫的陵墓。

"云月"的建筑在外观上也令人叹为观止，这里看似茶楼，也有几分武家建筑的味道，其中又添有几分豪族的气势，而这些都浑然天成地结合在一起，塑造出这样独树一帜的"云月"。

我们来之前先打了电话预约，刚好店里有空位也有足够的食材，于是尽管天气阴暗，我们仍快意地驱车来到鹰之峰。这天"云月"的菜单如下：

前菜：青芦笋、芝麻豆腐、大豆、鲍鱼

清汤：豆皮清汤

生鱼片：明石鲷、岩香菇、五加木、芥末

合炊：海带、竹笋、山椒芽（这道菜一定要赞赏一下。大盘中摆有竹笋和海带，然后撒上厚厚的一层山椒芽，山椒芽的清香让满室也跟着生香）

八寸：樱花一枝、西洋芹、白带鱼、花枝烤海胆

醋物：春菜腌味噌

烤物：八幡鳗鱼卷

紫苏饭

小菜则有腌萝卜、小黄瓜、腌蕨菜；水果则是哈密瓜和草莓。饭后点心是手工制的和果子配上淡茶。

"云月"的料理由老板娘亲自掌厨操刀，老板娘从前只是名普通的主妇，后来因为对料理极富兴趣，特地到寺庙学习素食料理（精进料理）多年，后来也到大阪知名的怀石料理店见习，以增进自己的厨艺。开业时菜单上只有素食料理，而现在的菜单仍以素食为主，但会加入鱼贝等食材以增加多样性。

我一道接一道地品尝着这些料理，每一道都让人回味无穷。在料理入口的瞬间，我想不管是谁应该都可以感受到老板娘在处理这些料理时是多么地用心吧。负责招呼客人的是穿着绣有纹面和服的男士们，先不说他们那一脸凛然的模样给客人带来的震撼，他们在待客服务上的利落感也让人倍增好感。

料理、建筑物和服务态度……虽然某些部分让我觉得有些微妙的不协调感，但我想再过几年这些也都会慢慢沉淀下来吧。不管怎么说，美食就是美食，这点我想应该是毋庸置疑的。

结账时，账单上的价钱给我一种既昂贵又便宜的矛盾感。

我们就这样坐在清爽利落的座位上，边欣赏北山群山和鹰之峰的风景边享受美酒佳肴，在店里整整消磨了约莫四个小时。

"如何？好吃吗？"我问着身边这位年轻的友人片冈君。

"很好吃。但是，我还是比较想吃纳豆和味噌汤……不过没关系，我明天早上在旅馆吃就好了……"

"你结婚都已经半年了，早上还是吃不到纳豆和味噌汤吗？"

"是啊，我太太说那种东西不入流，现在每天早上还是只有火腿蛋、烤土司和……"

"随便你们啦！"我忍不住开口训斥道，"像你这种可怜的年轻人我也知道两三个，要是看到不想吃的东西就翻桌啊！不然的话，你一辈子都别想吃到自己想吃的东西！"

"唉……"片冈君陷入沉默，静静地遥望着远山。

茄汁鸡肉饭

像我们这种在东京街巷中长大的小孩，吃过的洋食大概就只有附近西餐店的炸猪排和茄汁鸡肉饭这些普通西餐，要不然就是跟着母亲到上野的松坂屋吃的儿童套餐吧。

从前的"儿童套餐"餐盘中的鸡肉饭一定会先用模具塑形，现在的好像也是这样。但是，小时的我对茄汁鸡肉饭可说是深恶痛绝，原因是因为我实在不喜欢番茄酱的味道。

小学毕业之后，我进到兜町的杉一商行（从现在开始，为了不要引起不必要的误会，我在证券行时代出现的名字全部以假名表示），开始了我在证券行上班的日子……

"二战"前，除了从事证券相关的人之外，原则上证券是对外界多有保密的工作。我也是在十七岁左右才开始和朋

友们从事一些有关汇兑的工作，事实上，应该也没有比这个行业更为暴利的工作了吧。

母亲曾经说过："没有学历的人还是去证券行最好。"进到证券行后，我也真的深深地认同母亲的确很有先见之明，我进去的时候其实还只是小小的学徒，却有着极不相称的可观收入。

当然我们所负责处理的汇兑也不算是最重要的业务，尽管如此，在我被海军征召之前的四五年间在证券行所赚到的钱，一般人大概要十到十五年才赚得到吧。

"当时要是你存一点钱的话，我们要盖十栋房子应该也不是问题吧……"

母亲到现在还会三不五时这样絮叨着，最后还会加这么一句："但我可是一毛钱都没有问你拿喔。"

是的，当时我的日子相当荒诞不经，虽然在公司里会认真工作，但一旦走出公司就有如脱缰野马，现在回想起当时的行径自己都会忍不住捏一把冷汗。不过话说回来，这些捏冷汗的经验也为我现在的写作工作带来很多收获，想来也是一种幸运。

由于我在证券行的收入相当优渥，也因此让我有能力可以品尝到各家名店的西餐美食，但就算是我最爱的昭和通"味素大楼"的阿拉斯加西餐厅，店里只要有番茄酱的料理我也一律不点。

◎

时至"二战"爆发时，我拿到征召令，证券行同时也被征用。我成为K制作所的车床工，不时要前往岐阜太田去教其他的土地征用工们车床的制作方法与使用技巧。

当时海军征召后，一直到正式进入横须贺海兵团之前有半个月左右的闲暇时间可以自由利用。我决定离开太田，到飞驿高原去度个小假，并在高山下古川的旅馆"芜水亭"暂住一宿，一直到现在我当时住的房间"离间"也还在呢。我暌违三年再度造访此地，充满怀念地坐在炉火前喝着这里的朴叶味噌汤。

隔天，我在白皑皑的积雪中登上飞驿高山，当天晚上投宿在酒家中，里头的小姐们花了三天的时间就帮我完成了入伍祈福的千人针守护符。我以酒家为起点，穿上干稻草做成的雪鞋之后开始了我在深山积雪中的探险。当时呈现在眼前的白雪和冰柱的高山村落，这个美丽形象直到现在也如梦幻般地萦绕在我脑海深处。战争后我又数次回到飞驿高山，但却不再有当初的感动，第一次看到的雪山情景，仿佛是别的国度、别的村落般让我产生不可思议的无限遐想。

当时，我在深山中走到筋疲力竭，决定先到小姐们介绍的西餐店"阿尔卑斯亭"歇歇脚。当时是在战争期间，物资相当匮乏，粮食也相当不足，所以虽然名为餐厅也不能有太过奢侈的要求。但不知为何，在这样的深山峻岭之中，鸡肉

食桌情景

资源却异常地丰富。"阿尔卑斯亭"里的菜单只有茄汁鸡肉饭、汤和咖啡而已。即使是讨厌茄汁鸡肉饭的我，却也只能勉为其难地点了这道菜，但吃了第一口后就忍不住大声惊叹道："好好吃！"

不过我想这应该也是理所当然的吧！当时可是只要有东西可以入口就一定会觉得是山珍海味的贫瘠时代呢！但这里的茄汁鸡肉饭不只是这样，不但毫不吝啬地加了大量口感鲜嫩的鸡肉，饭也是用炒得香喷喷的炒饭，最后加上番茄酱调味，再加上身旁有温暖火红的炉火为身体加温，在这些条件的配合下入口的鸡肉饭是这样地令人期待、这样地美味、这样地撼动人心，总之那是一种笔墨难以形容的美好感受。

◎

那之后我就爱上了茄汁鸡肉饭。尤其是在出外远行时，更可以每天吃茄汁鸡肉饭都不会觉得腻，同行的人总是揶揄我："今天又吃茄汁鸡肉饭？"我想在大家的印象中，茄汁鸡肉饭应该是专门做给小孩子吃的吧。

不过，比起餐厅里那种用各式各样的佐料来调味的高级茄汁鸡肉饭，我反倒比较喜欢一般乡下地方食堂里，那种单单只用番茄酱炒饭之后配上鸡肉的茄汁鸡肉饭。诸如土佐的佐川街上小食堂里的茄汁鸡肉饭，上州沼田偏远郊区的食堂里亲切的老板娘专门为我做的茄汁鸡肉饭，和信州松代街上荞麦面店里的茄汁鸡肉饭等，都带给我值得怀念的美好记忆。

人们对食物的喜好真的完全受我们当时的心境所左右，我们可以透过人们对食物、料理的喜好来窥知人们的心情，这不是件有趣的事吗？话说回来，我在东京的时候不太吃茄汁鸡肉饭，因为对我而言，茄汁鸡肉饭和旅程中的天空是无法分割的绝妙组合。

炸猪排与猪排炸

　　这已经是十七八年前的事了，当时我写的剧本《渡边华山》正在新国剧剧场上演。我写《渡边华山》的灵感来自于主演岛田正吾先生对华山深深的喜爱，但这出戏在商业舞台盛行的业界中却显得格格不入。尽管我现在回过头去看当初写的剧本自觉颇为满意，但整出剧完全由岛田先生精湛的演技，硬是支撑了两个多小时，到现在我还记得当时岛田先生曾无力地对着镜子里的自己说着"啊……我快不行了……"的无奈模样。

　　当时每一家报纸都对这出戏给出极其负面的评价，只有已故的本山荻舟先生给了我些正面的评价，当时我是刚进入戏剧界的初生之犊，知道有人支援的感觉让我充满了感激与兴奋，直到现在也难以忘怀。

本山荻舟先生是所谓"剑豪小说"的先驱者，更是个优秀的戏剧评论家，同时也以美食研究家闻名。本山先生同时也是我已故恩师长谷川伸的好友。长谷川老师曾经这样跟我说过：

"以前啊，我和荻先生（本山先生的本名）一起去名古屋，事情办完后我说要在名古屋住一晚，但他却坚持要当天晚上就连夜赶回东京。于是我和他在车站道别之后我就去住旅馆了。结果，第二天早上我到车站搭车时，却看到荻先生还坐在候车室的长椅上！我吓了一跳，走过去问道：'荻先生，发生什么事了吗？'……原来荻先生昨天晚上在等车时忍不住打起盹，结果火车却刚巧在这时进站，荻先生本来想要冲过去跳上火车的，但又转念一想，不对喔，要是因为我这样匆忙而受伤的话那多划不来！于是就又从容地坐回椅子上，忍不住又打起盹来了。结果，下一班车也没赶上、下下一班车也是一样，就这样等到天亮了……哈哈哈，荻先生真不愧是一刀流的弟子，真是个有趣的人啊！"

本山先生因为对美食相当着迷，到后来也自己拿起菜刀，在银座开起了一家叫作"莺屋"的小料理店，但长谷川恩师说：

"不好吃。荻先生虽然对美食有相当丰富的知识，也可以把美食分析得头头是道，但真正要拿起菜刀还是不太一样的……"

本山荻舟先生在一篇评论炸猪排的文章上这样写道：

 食桌情景

"……先将猪肉依各人喜好切成适当的厚片，然后略微敲松，蘸上一层薄薄的面粉后蘸上蛋汁，再裹上一层面包粉，放入热油中炸到酥脆即可起锅。油炸用油以猪油为佳。我国在大正十二年（刚好是作者出生这年）东京大地震之后，猪肉就以前所未有的速度开始普及起来，更发展到有专卖炸猪排的猪肉专卖店，店里盛装炸猪排的盘中也会配有生菜沙拉、高丽菜和番茄等鲜蔬。"

我认识的炸猪排也是这样，我之所以会这样再三强调是因为炸猪排是我的最爱。

炸猪排听起来是个简单的料理，但在家里做做看就会发现，唔，果然还是不一样，这其实是道需要高超技巧的料理。

我平常在家里要是想吃炸猪排的话，都会让妻子去肉店里买炸好的成品回来，再自己加上其他配菜做成炸猪排盖饭，这是最省事又不会失败的做法。炸猪排似乎还是要交给专业的料理设备来做比较妥当。

在东京有几家以炸猪排或猪排炸闻名的猪排专卖店，每一家都相当美味，也都有自己独特的风味。说也奇怪，明明就只是把猪肉拿去炸一炸而已，却可以出现这样多不同风味的名店，想想真了不起。

但我最喜欢的炸猪排店还是银座三丁目的"炼瓦亭"和本店设在目黑的"豚喜"。我从十四五岁就开始吃"炼瓦亭"的炸猪排至今，多年来这里除了炸猪排之外也多了很多其他不同的菜色，但这里最受欢迎的还是那个大到会溢出盘子的大份炸猪排，我年轻的时候可以一次吃三份呢。不过现在则连一份也吃不完了，只吃得下小份的。这家店最让人印象深刻的就是打开门的瞬间，那扑鼻而来的阵阵浓郁猪排香味，这股香味同时也是战前西餐店里最令人难忘的气味，总让我有既欢欣又怀念的感觉，对我而言是心中相当值得珍惜的一部分。

用刀切开金黄色炸猪排的瞬间，酥脆的外壳也应声而开，当下内心的喜悦真是笔墨难以形容。我个人喜欢的吃法是先在炸猪排上淋上厚厚的一层蚝油酱汁，然后配着少许白饭和另外加点的高丽菜丝一起入口，饮料则配上两杯威士忌苏打水，这样就已经是不得了的好滋味了。结账时更会发现价钱实惠到家，从这里可以看到这家银座老店是多么有良心。

接下来，要介绍另一家我也常光顾的目黑"豚喜"。大约是去年三月的时候，我睽违已久地担任由松本幸四郎所担纲的《鬼平犯科帐》的剧本创作和制作人，在角色分配当天，我遇见了许久不见但现已亡故的市川中车先生。

中车先生当时的脸色并不是很好，听说是因为抱病演出的关系，我一听到这点马上就果断地把原本由他演出的角色换给其他人了。我后来听说中车先生在隔月国立剧场所公演的《结发新三》中倒下，之后就不治过世了。在角色分配那天，我和他谈起吃的话题，中车先生问我都在哪里吃炸猪排，一听到我说"炼瓦亭"和"豚喜"，中车先生也开心地击掌应和道：

"对啊！'豚喜'之外的炸猪排通通不及格！"

◎

我第一次去已故的市川中车先生所大力称赞的"豚喜"猪排店是二十年前，那是"二战"前，"豚喜"的位置背对着老旧的国电目黑站，往里面走去就是悬崖峭壁，国电当时就是从悬崖下通过。"豚喜"是一栋巴洛克风格建筑物里的一家小店，从正门走进店里后，可以看到沿着钩形圆台排列的餐桌，微胖的老板则站在里头炸着猪排。虽然外观上有点破旧，但走进店里就会发现这是一家相当窗明几净的店，进到店里还可以闻到木头所散发的清香。

每次去"豚喜"都让我有相同的感动，这家店里的服务态度也是殷勤备至，店里的中年女侍们穿着雪白短袖衬衫、黑色长裤制服、头戴三角餐帽，站在白木餐桌的内侧忙碌地招呼着客人们，这样的亲切与殷勤二十年来始终如一。

"豚喜"里只卖里脊肉、猪腿肉和炸猪排串三种，因为老板担心菜色增加太多的话会分散对招牌料理所该有的专注力。这里的炸猪排偏和风，酱料也是用手工特制的浓稠酱汁，猪排的厚度则是比"炼瓦亭"的稍微厚一些。我其实不是很喜欢太厚的猪排，虽说人各有所好，但猪排太厚的话，就算可以炸得酥软，却容易在炸的时候一不小心就让猪排沾上油腥味。但"豚喜"却似乎完全没有这样的困扰，每个来店里的客人都可以看得出，老板在料理猪排的时候是怎样的全神贯注。我每次到"豚喜"都会深深地感叹道：

"原来要这样用心，怪不得在自己家里没办法做到。"

几年前，目黑站改建之后，"豚喜"就搬到附近街巷里继续营业，店面扩增到以前的四倍大，但一切却还是跟二十年前一样。负责招呼客人的女侍们是增加了不少，但每一个都让人心生好感。只要客人盘里的高丽菜没有了，女侍们就会马上前去为客人补上，而这里的新鲜高丽菜是免费无限供应的。

此外，一进到店里，女侍们就会为客人送上干净的小毛巾擦手，用餐完毕后也会再送一次，这里的年轻女侍们看起来都朝气蓬勃，连客人都被感染到那样充满希望的气氛，她们的年轻朝气、健康的粉红色肌肤和利落的动作都让整间店充满活泼的气息。

我曾听过一个这样的故事。有一个客人来到店里吃炸猪排，时隔五年后当他再度造访这家店时发现当年的女侍们都还在，而且还是活力、干劲不减当年地勤奋工作着，让他大感惊讶。

中车先生这样说过："那里除了炸猪排很美味之外，最令人流连忘返的是那里的女侍们，那样认真的模样会让人忍不住一直盯着她们瞧呢。"

我想要能长期维持这样的气氛，这家店的老板一定是个相当优秀的人物。

很多女侍们十六七岁就到这里工作，到二十三四岁之前都认真地工作累积经验，等到有了一定的资历和历练后，就会被赋予管理分店的责任，男性店员也是一样。我有时到自由之丘的分店或其他分店时，也常会看到以前在本店服务的店员们在分店担任各项管理的职务。

我不管去本店或分店，每次一定都是点一瓶啤酒和一份炸猪排，再加上白饭和腌菜，当然预算也都在一千元以下，这家店里的平均消费好像是在六百元左右吧。这里的炸猪排便宜又美味，再加上女侍们殷勤有礼又有活力的服务，我想不管是谁都会尽兴而归的。

其中有一个这里的老主顾就这样说过："只要来过这里，就会觉得上酒家真是件愚蠢的事。"我也深有同感。这家店之所以可以荣登东京料理店里的"名店"，最主要的原因应该是这群年轻女侍们贴心的服务。

不管是改装过的本店或新开的分店，"豚喜"都会让客人有"味道和服务都跟以前一样完美"的感触，这样的坚持在现代社会中已经愈来愈难得了。也常有客人说，"豚喜"的炸猪排让人们即使在这瞬息万变的现代社会中，也会产生一种对未来充满期望的安慰与振奋。

我想"豚喜"的老板不管是对人或对这个社会，内心一定都有无比坚定的"信念"吧，店员们和蜂拥而至的客人们也默默地认同着这个信念，进而被这个信念所充实、感动。想想真是不可思议，不，该说这家店本身对我而言就是个不可思议的存在。

东海道·丸子

一提到冈本加野子的短篇小说《东海道五十三次》，我马上就会想到剧中主角在骏河丸子的旅馆中吃山药饭的一幕。读了这篇小说之后，我着了魔似的极想要吃吃看丸子的"山药饭"，因此便邀了我旧时在证券行的好友井上留吉一起千里迢迢地前往静冈。当时的舟车劳顿，真的有股令人筋疲力竭的遥远感。

那我们从东京到静冈到底花了多少时间呢？当时正好是星期六，我等井上结束证券行的工作后才跟他会合，然后两人在日本桥三越的"花村"用过午餐后到东京车站搭火车，抵达静冈之后已经是夜深人静的时候了。不过那是"二战"前的事，当时静冈的暗夜和寂静跟现代人口中的暗夜和寂静是无法同日而语的。

当时东京入夜后也是灯火辉煌，不过那样璀璨的夜景可算是一幅炫目的美景，但现代夜晚的灯火已经把暗夜悄悄逼退，日夜的差别愈来愈不明显，而夕阳和夜雾更不知道逃逸到哪里去了。

当天晚上我们在静冈住一晚，隔天上午就叫车前往东海道丸子的旅馆。距今约三十年前的当时，街道上还处处飘荡着丸子特有的风情，当初我要是知道我会成为一个历史小说家的话，一定会把自己看到的景象巨细靡遗地记下，不过那时成为小说家对我而言还是痴人说梦的事情。

到了丸子的旅馆之后，我看到安藤广重所描绘的保永堂版丸子画作里的风景如一地呈现在我的眼前，进入了稻草屋顶的C屋之后，我马上点了山药饭。想起冈本加野子文章里的描述："……上午的阳光是这样地炫目美丽……这里山药饭并没有特殊的做法，但刚煮好的燕麦饭散发着热腾腾的香气，略带着神仙土壤般味觉的野生山药，尝来有股沉静的美味。"在我正陷入这样幻想的当儿，山药饭端了上来。

井上留吉对风景和气氛完全不感兴趣，一看到山药饭来了马上端起狼吞虎咽地扒了两口，皱起眉头说道：

"咦……？这样有着味噌臭的山药根本就不是人吃的东西嘛！上野的燕麦山药饭比这个好吃多了。"对于他的抱怨，在旁的女侍瞪了他一眼。

"二战"后，但其实也只是八年多前的事，我为了做一

些与工作相关的调查登上宇津谷棱线，下山后也是到 C 屋那里吃了山药饭，时隔了二十多年，已经完全感受不到当初的闲情逸致了。

女侍带我走到扩建之后略显粗糙的二楼店面，我看到的是女侍们背对着我看电视的模样。虽然入口的山药饭味道并没有多大的改变，但这样粗糙的待客方式确实让料理的味道大打折扣，再怎么好吃的东西也会因此变得难以下咽。尽管如此，店门前还是停满了各式自用轿车，看来这里的山药饭应该颇有名气吧。

◎

最近，因为多了三天的休假，我邀请朋友 A 君一起前往好久没去的丸子逛逛。会想要再去丸子是因为我虽然到东海道一带很多次，但却不太记得骏河兴津到由比一带的情景，因此想复习一次。

我上次和井上留吉来的时候，搭车从丸子到三保的松原、清水港观光的回程经过从兴津到由比一带的街道。但当时的我并没有认真看沿路兴津城镇的景象，只在车上和井上热烈讨论着："今天晚上不管怎么说我都要去 T 楼喔！"我们对这种风花雪月的事真是没辙。

A 君很想要去 C 屋见识见识，但我还记着八年前的教训，因此改提议到"待月楼"。"待月楼"也是丸子当地相当古老的料理店，也提供住宿的服务，不过我也是第一次造访这里。

从东京坐新干线到静冈需一个半小时，从静冈车站搭车到静冈眉睫之地的丸子需要再花三十五分钟。一路上车子很多，让人产生一种壅塞的疲累感。

C屋又扩建了，它显然已经变成了一家巨大的山药饭专卖店。

我们来到位于丸子一角的"待月楼"前，店门口也停满了来客的车辆。从前在普通家庭里没啥稀奇的山药饭，在现代竟然已经成为一种不可多得的珍馐了。

店里帮我们准备了后院与主屋分离的小包厢，在山药饭端上来之前也准备了很多其他的食物让客人选择。提供这样多的食物感觉有些杂乱，但像"待月楼"这种高级料理店要是只卖山药饭的话，收支上不太合算，无法支撑下去。

女侍们虽然都只是打工性质的中年妇女们，但服务态度很不错，结论是这里最好吃的还是招牌山药饭。A君连吃了三碗，我想起从前我和井上留吉在上野的"燕麦山药"那里一口气吃了十八碗饭的往事，但已功力大退，当天只吃下两碗。

在东京，一般家庭里的山药饭都是用略带清甜的高汤让山药泥入味，而我也比较习惯这样的味道。我们家里的山药饭既不会加味噌也不是用燕麦饭，只加上海苔和葱花增添香味罢了，但"待月楼"里的山药饭用味噌入味，尝起来也的

确有三十年前记忆中的乡野气息。

庭院里杜鹃花怒放，池里的锦鲤不时跃出水面，黑色凤蝶也翩翩飞舞着……突然间，一只公鸡从庭院另一头冲到我们的座位上，之后竟自顾自地坐在茶室中一动也不动。

"这里还真不错啊！"A君莞尔道。

"对啊，我想睡觉了呢。"我说。

我们休息了两个小时后，离开丸子前往兴津。

东海道·兴津

我在《鬼平犯科帐》书中有一篇"血头目丹兵卫",当中最后一幕是:盗贼改方门下的间谍小房粂八从骏河的兴津越过萨埵棱线时,在棱线山麓边的茶店中遇见老盗贼蓑火喜之助。我在写作时,因为实在没有时间前往现场勘察,只好拿广重《东海道五十三次》里所描绘的内·由比的风景当作参考。但我在小说中却写得好像我到过这个地方似的。

"粂八越过萨埵棱线,正要通过棱线山麓边的茶店'柏屋'之际,正好看见一个老人坐在柏屋前的座位上,惬意地吃着这里有名的壶烧海螺,并一边悠闲地啜饮着手边的酒……这天是个无风温和的秋日,茶店旁栽种的金盘花正开着令人爱怜的毛线球般白色小花。"

"二战"前,我和好友井上留吉一起经过兴津时最深刻

的印象就是，这里右手边是背对着骏河湾的古意盎然的狭长城镇，左手边则连接着青翠群山。当时，司机先生很亲切地向我们询问道："这个镇上有著名的清见寺，想要顺便去看看吗？"

井上马上脱口说道："寺庙有什么好看的？"所以就此作罢了。

三十年后的今天，当我从清水港进到兴津镇上时，忍不住低喃道：

"这里一点都没变呢……"

身旁的 A 君听我这么一说，质疑道："咦？以前就这么多车了喔？"

"不是这样的，我的意思是说这个城镇的景象和气氛都和以前一样没有改变。"

三十年前的狭长城镇和不甚宽阔的道路依然如昔，自用轿车、出租车、卡车、货车等交通工具在这个狭长的道路上川流不息。

"真是难以想象啊……"

现在清水港的港湾工业地带已进逼到兴津的海湾一带，当天虽然是个阴天，但爬上山腰的清见寺还是可以隐约看到海面，无奈的是近在咫尺的三保松原却反被煤烟所淹没，看不清了。

清见寺的起源听说是因为古时京都朝廷为了要远征虾夷

地（东北、北海道的古称），在这里设置了隘口，也同时建了佛寺来奉拜守护隘口的神祇。仔细观察会发现，这里天然地势险要，让人忍不住点头认同："原来如此。"

也有人说兴津唯一没有改变的地方是清见寺。底下的街道充满了废气和石油味，拾级走到寺里，却意外地发现这里竟然了无人踪。与观光胜地无缘的"历史"气息，在这清幽的寺院里静静地飘荡着，连钟楼和土墙也都充满怀古之意。德川家康年少的时候曾被当成今川义元的人质送到骏河，有一段时间也曾待在这个清见寺接受过云斋长老的训示，听说家康当时的书房到现在也还完整如初。

我和A君两个人缓步从清见寺的石阶走下，再度回到镇上，高山樗牛诗中所言"夜半钟鸣催梦醒"的清见寺钟声在夕霭中悠扬响起，还没来得及沉醉于钟声的悠扬，一台大货车发出尖锐的声响呼啸而过，硬生生地将钟声淹没了。

兴津的城镇被山和海紧紧包围着，完全没有其他多余的腹地，因此成为连接东边和北边的骏河之国的一个小角落。然而不幸的是，因为多了清水港这个工业地带，让所有车辆没有其他选择，只能入侵城镇，整个城镇和镇上的人们都笼罩在车辆的噪声和废气中，在现代社会中踽踽前进。

旅馆"水口屋"位于这个城镇的中央，最后，我们决定要投宿在这个从江户时代创业以来，就以兴津为主要据点的古老旅馆里。

"水口屋"是奥利弗·斯塔特勒（Oliver Statler）著书《东海道的旅馆》中所提及的旅馆，跟长野的"五明馆"一样，这里也是在现代社会中残存为数不多的纯和风旅馆之一。令人惊讶的是，"水口屋"虽然位于街道旁边，但却一点也不受影响似的清静无比，我想应该是因为这里是纯日式建筑，宽敞的走廊和隔间让外面的噪声也为之却步了吧。江户时代的文明，不，应说是"二战"前大正到昭和初期的文明就这样完整地保存在这个旅馆里了。

　　晚餐是兴津鲷鱼生鱼片、盐烤鲷鱼、螃蟹和紫苏炸蛤蜊等菜肴，我和 A 君两个人悠哉地边喝酒边闲聊。

　　这里完全没有喧扰的观光客，其实这里也没有可以容纳那些观光客的足够空间。"水口屋"相当宽敞，有双间式和四间式的和室十余间，但不管从何种角度来看，兴津这个小镇都不是个极力寻求热闹喧哗的现代观光地点。这个城镇要是也盖起高耸、冰冷的高楼大厦的话，到时也是这个城镇告别过去幽情的时候吧。

　　夜深后，我和 A 君吃着从安倍川"石部屋"中买来的名产——安倍川饼，满足地说道：

　　"这样舒服惬意，我的寿命应该会增加吧？"

　　"你几岁？"

　　"二十五……对了，我们明天要做什么？"

　　"不知道，随便晃晃吧！"

"好啊……"

"越过萨埵棱线从由比到沼津、三岛……要是那边没什么有趣的地方的话，我们就去小田原的'达摩食堂'，吃好吃的海鲜当下酒菜吧！如何？还是干脆到箱根的汤本去吃初花荞麦面算了？"

"你这家伙，我真是败给你了。"

"然后明天晚上要留宿在箱根也可以，要是时间够的话就去横滨的'新乐园'住一晚，尝尝他们的特级马丁尼吧？"

"我真败给你了，败给你了。"

祇园祭

我去过京都的祇园祭好几次，但从七月一日的"吉符入"到十七日的山鉾（神轿）巡行间约半个月都待在京都参与其中、尽情感受祇园祭的祭典气氛则是在昭和三十五年的夏天，而这也是唯一的一次。

当时我的正职是担任新国剧的编剧和制作，我们的实力派演员们正在大阪每日大楼举行公演，我正写着《白色密探》的剧本，为了一起参与排演而前往关西。当时松竹京都也请我担任编剧，编写帮松本幸四郎先生量身定制的大型电影《敌在本能寺》的剧本，为了和这里的工作人员充分互动，我决定在京都待上一段时间。

这部电影以明智光秀为主人公，松竹希望我可以写一个耳熟能详的光秀，一开始本来是邀请同是编剧老手的井手雅人参与剧本制作，但因为井手刚好有其他的工作抽不开身，因此松竹就退而求其次地找到我了。

这是我第一次为电影写剧本（我想应该也是最后一次吧），我把在汤河原的旅馆"乐山庄"当作我暂时的工作据点，并要求井手写第一页给我作参考，之后在一个星期之内就一鼓作气地完成剧本初稿，当时我年方四十，做任何事都还很有年轻人的气魄。

在京都时，我住在由岚宽寿郎先生的夫人所经营、位于三条木屋町上附近的小旅馆"橘"里，当然这也是岚宽寿郎先生的家。

我坐在架空在鸭川之上的看台上边吃饭，边跟现在已故的大曾根辰夫导演一起谨慎地修改剧本。我抵达京都的那天正好是"吉符入"的日子，整个京都街道都笼罩在热闹的祇园乐声中。

我走到八坂神社，可爱活泼的孩童们穿着华丽的和服及披肩，由两个微秃的祭典工作人员带领着在神社大殿里举行绕殿千回的仪式，听说这是为了要祈求祭典平安顺利结束的一个祈福仪式。

祭典的第二天是"抽签"，目的是要决定山鉾巡行的顺序；接下来十天则是需费时数日的"洗神轿"和"迎灯笼"等古老仪式，在众人的细细酝酿中，祭典的欢欣气氛也渐渐地达到高潮。

京都在十几年前，还处处都可以看到沉稳悠闲的情趣，从旅馆的和室往鸭川看去，可以看到对岸孩童们拿着网子在捞鱼的莞尔景象，河面上也可以看到燕子低低飞翔，飞到眼前后攀升飞舞而上的模样。然而，御池大桥完工后，卡车和汽车的噪声喧嚣，现在已经很难得看到燕子的踪影了。而岚宽寿郎先生也已和夫人离婚，与现任夫人早已不知去向；从前我和井手君常住的"橘"也已经转让给他人经营，成了一间与我们无缘的旅馆。

◎

我现在回头看当时的日记，果不其然，每天还是很详细地写下曾吃过的东西。"橘"的早餐是由从年轻时候就一直跟随着岚宽寿郎先生的老奶妈负责，其他的则是从"丹熊"和"河茂"叫外卖来吃。我当天晚餐吃的是：虾、鳢鱼、豆皮汤、鲷鱼生鱼片、芋头炖四季豆、炖地瓜。

当时的感想是："……地瓜炖过后更加清甜，有着令人意想不到的美味。料理店料理食物的方法总让人有意外的惊喜。"

当时，我只要人到京都，一天不吃一次"宝船"的西餐就会浑身不对劲。

"宝船"位于祇园北边花见小路往西进去一点，店里散发着昭和初期西餐店的氛围，就是这样的怀古情怀让我总是一再地重回此店。

听说"宝船"创业于大正末、昭和初年时期，店里完美地融合了祇园町的气息，白天时也常有艺伎们来此，可以看到艺伎们吃着可乐饼和意大利面等西餐的模样。我相当喜欢这里的牛肉生菜三明治、炸猪排和印度咖喱鸡，不知道他们现在还有没有在卖印度咖喱鸡？这里的咖喱鸡是先打一个半熟蛋在盘中的奶油饭上，然后再淋上咖喱酱料、入味的香鸡酱汁。

那天是祭典的"立铆日"，所以应该是七月十一日。

当时我正吃着由"宝船"外送来的牛肉高汤和牛肉三明治，接到了东京一家杂志社打来约稿的电话，原因是："希望您能为我们写您得直木奖之后的第一本小说。"

我一直到他提起才想到，自己写的小说时隔许久再次入围了年初直木奖的候补行列，结果公布是要在二十日以后，对还不知道会不会得奖的我说"直木奖后第一本小说"这种约稿说法有点怪。不过，这种事已经不是第一次了。今年是我第六次入围，一直到第二次、第三次入围时，心中还是会有所期待，但第六次就觉得没什么了，一方面是因为今年剧本的工作很忙碌，另外一方面也是觉得大概这次也没什么希望。

不过，对于从戏剧界跨足小说界的我而言，每年自己写的小说可以有一两次入围直木奖，对我而言是莫大的激励。现在回头翻翻当时的日记，当时在京都的我，在日记中写满了以幕府末年的探险家间宫林藏^[1]为主人公的小说《北海之男》的考察笔记。看来当时的我已经很积极地在构想下一本小说了呢。

◎

在我决定把自己的一生都奉献给戏剧界时，已故的恩师长谷川伸老师告诫我说："千万不要！"

长谷川老师也这样鼓励我："只写舞台剧的剧本是绝对吃不饱的，请务必要试试看可不可以也写写小说，然后把剧本当作副业就好了。你也应该要知道，若可以两边同时进行的话，是可以同时提升两边实力的。"

因此，我从昭和三十一年左右开始投身小说的世界，第一本历史小说《恩田木工》就入围了当年的直木奖。之后在写第二次入围作品《应仁之乱》时，我前往京都做一些考察的工作，经由井手雅人的介绍，第一次投宿在"橘"旅馆。之后也有多次入围的经验，但也都跟直木奖擦身而过。

就这样，我被人家笑说是"万年候补""跑堂的"，但却一点也不在意。因为在戏剧界待了这么多年，对这些赞誉毁谤早已司空见惯。这年（昭和三十五年）入围的作品是以信州松代藩的群臣骚动为背景的小说《错乱》，这本书的书名

---

[1] 间宫林藏（1780—1844），日本探险史上的开创性人物，"间宫海峡"即以他的名字命名。

是好友井手雅人帮我取的。

挂上了出版社的电话之后，我出发前往八坂神社去看"授官"仪式。孩童们脸上涂得雪白，穿着长袍马褂骑在马背上，跟穿着古装的工作人员来到八坂神社神明前接受"正五位十万石"的官位。

孩童们小小的身体被正式的长袍马褂所束缚着，小脸上露出无限的紧张，但却更显得这一幕的纯真美好，让我一直到现在也还记忆犹新。

我日记里面写到我当天晚上到大和大路四条下的"由良之助"吃了该店有名的章鱼焖饭，这也是我在京都相当喜欢的料理之一。虽然最近几年已经很少去，但在写这段的时候我的口水都快流出来了。

离开"由良之助"后，我又到祇园"一力"寿司对面的和果子"键善"坐下，吃了"葛切"（葛粉条），当时"葛切"并不如现在般有名，是在老饕间低调流行的特产。

"键善"将冰凉的"葛切"盛装在古传的螺钿漆器中，将"葛切"蘸上黑蜜糖后送入原本因酒而略显灼热的口中，一阵清甜凉意便迅速地在口中散开……

我安慰地想着："真好。希望下次也能一样好。"

这次入围直木奖的作品还有水上勉和黑岩重吾的力作，相较之下我的拙作就显得没这么出色了，这也是我事后听说的。

◎

接着是十六日的"宵山之夜"。当时我的剧本也已经到了终稿阶段，跟导演的讨论也终于告一段落，得以用轻松解脱的心情享受这个美好的夜晚。

我和松本幸四郎先生第一次见面是在拍摄现场，当时结下的缘分一直持续到今日《鬼平犯科帐》的合作。

若说"山鉾巡行"是祇园祭的高潮的话，在这前夜的"宵山之夜"应该就是重要的灯光了吧。在无风闷热的傍晚，各町的山鉾神轿整齐排列着，在一声令下中将棋形灯笼点上，四条大街禁止任何车辆通行。

祇园乐曲在大街小巷中流泻着，众人的热情更让暑热升温，大家在挥汗如雨的同时享受着宵山之夜，那样的欢欣感真是笔墨难以形容啊。

去年（昭和四十六年）的宵山之夜，我是和黑岩重吾的弟弟龙太君一起看的。黑岩龙太君是大阪新生代的年轻作家，他说他第一次参加宵山之夜，感慨地说道："真没想到这是个如此令人开心的祭典。"令人惊讶的是，即使京都就近在眼前，大阪人似乎也不常参与这个活动。

要是有人问我"到底哪里有趣"，老实说我也答不上来。这里的祭典和东京的浅草、神田或深川祭典的气氛完全不同，鉾町的古风名宅也用典藏的屏风加以装饰，为来参加宵山之夜的客人们展出"屏风祭"，这样的热情到现在也还会让我胸口微微发烫。不过我认为要想尽情享受这一切的话，还是要趁这两三年吧，之后就很难说了。

我们汗流浃背地参观了四周用将棋形灯笼装饰的山鉾，沉醉在祇园乐曲中，途中稍微休息一下后马上就振奋地激励着彼此："走吧！再去绕一圈！"

终于，隔天就是重头戏山鉾巡行了。

现在就算不亲自到京都，每年也还是可以通过彩色电视机看到祇园祭的"山鉾巡行"，现代真是一个令人悚然的世界。但对我而言，祇园祭中我最期待的还是"宵山之夜"，总会让我忍不住有"啊……这才是祇园祭啊！"的感动。

十二年前的这一天，我在祇园祭结束后准备返回东京之际，听到个连自己都惊讶不已的消息：我竟然意外地拿到直木奖了。当时，我马上赶到芝二本榎的长谷川家向恩师报告，但长谷川老师却面无表情，只淡淡地说了一声："还不错。"

但后来，我从长谷川师母那里听到了这样一番话："其实在你来之前我们就接到你得奖的消息了，那通电话响起的时候，你老师他根本就是飞奔过去接电话的。然后听到你得奖的消息时可兴奋得很，连讲话声音都高了八度呢！"

但如今，恩师和师母都已不在人世了。

四万六千日

马上就又到了"终战纪念日"了。昭和二十年的那年夏天，我从横滨海军航空队被调到山阴的美保航空基地，也就是现在的米子机场所在地，当时的建筑物现在也有一两栋被保存下来。

美保航空基地在面对日本海的弓之滨半岛的中间，当时我们这些里头的士兵都分散地住在这占地长约二十公里、宽约四公里的狭长半岛上的农家里。我一开始是被派到巡逻队，后来因为海岸边新设了八〇一空军司令部，我就被改派到司令部里的电话转接室，成为那里的室长。

不过这个本来就是我在海军时候所担任的职务，所以到了山阴之后也还是一样忙碌于监督电路员、整理确认所有器具并负责确保司令部转接室的正常运行和巡逻队勤务的调整。之后我被调到司令部、进到转接室，有更多的机会接到从横须贺、舞鹤等地打来的秘密电话，并深深地了解到："这场战争，我们赢不了了。"

当时，我出生的东京因为美军密集的空袭，早已经被烧成一片焦土。更糟的是，我们家世世代代都住在东京，连个可以避难的地方都没有。当时，母亲、弟弟和外祖母因为浅草永住町的家烧光了，于是改移到田端，之后又到京桥，但每到一个地方空袭也紧接而至，只好一而再再而三地过着逃命的日子。从那个时候开始，海外的战争也渐渐地蔓延到国内来，我心中也已有再也见不到母亲的觉悟。

◎

当时的日记我现在还留着。七月二十二日的日记这样写着："……时隔多日，终于收到母亲的来信。母亲说，浅草虽然已经被烧成废墟，但却还是跟往年一样照常举行'草市'，'四万六千日'的仪式还是如常举行。这些人的坚持是这样地惊人。"

不过这种心情不是浅草出身的人应该无法了解。"四万六千日"是七月十日，这一天是浅草观音的功德日，但叫作"四万六千日"的由来我也不清楚。总之，听说只要在这一天前往浅草寺去祭拜的话，就等于是拜了"四万六千日"；也就是说这天祭拜的话可以得到一百二十七年份观音的保佑，所以这天所有的善男信女都以浅草寺为中心聚集起来，

弓之滨半岛的旧八〇一空军司令部

声势浩大。

"四万六千日"同时也是"酸浆草市集"开始的日子，在浅草寺境内，会有上千家卖酸浆草的摊位出来摆摊。我虽然不知道战争结束那一年的"酸浆草市集"是什么样子，但却深深地感动于在浅草的一片焦土上，人们仍坚持举办"四万六千日"的那种坚韧的意志力。母亲当时并没有去参加"四万六千日"。"当时我们已经经历了三次空袭、房子全毁的悲剧，每天光张罗食物就已经累坏了，实在没有多余的精力可以去。"母亲这样说道。

不知道那时候浅草寺境内是不是也有卖酸浆草的小摊呢？不过我想卖三角形的避雷护身符的小贩应该会去吧，真想听听去参加战争结束那一年"四万六千日"的人的感想。

◎

今年的七月十日是个雨天。

刚好那天的工作也告一段落，我下午就到了"四万六千日"的会场，尽管天公不作美，但人潮却没有减少。我买了一盆中型酸浆草盆栽。

"老板，一千元。"

"太贵了。"

"那，算你八百。"

"还是太贵了。"

"七百。"

"嗯，好吧！"

之后，我提着酸浆草盆栽，走到十几年没去的A寿司店。A寿司店是古时浅草名代（官名）所开的店，小时候外祖父曾经带我来这里吃过几次。但跟十几年前比起来，这家店已经风情不再。并不是说装潢变得有多差，而是店里的气氛已经变得浑浊不已。果然，一个看起来不可一世的年轻师傅正以居高临下的态度捏着寿司。

"今天有特别值得推荐的寿司吗？"

这家伙有点敷衍地回答道："嗯，可以试试看鲔鱼和比目鱼。"

但这个鲔鱼真的很难吃，根本不能算是给人吃的东西吧！但我还是忍了下来，默默地喝起酒来。结果，这家伙竟然在我面前开始拿起扫帚扫起地来了！我定睛一看，这家伙在扫完地后，手既没洗也没擦，竟然就开始捏起下一个客人点的寿司！我惊吓之余，连忙借口道："啊！我有东西忘记了，不好意思，请先帮我结账。"

这个年轻小伙子看到我站起来，很遗憾地跟我说："你真没口福啊！"

我想以后我再也不会去A寿司了吧。当然浅草的店不是都这样，也有很多家店是跟以前一样谨慎用心经营的，这部分下次有机会再跟各位介绍。

我走出A寿司之后，马上就又走进雷门西侧的一家小寿司店"金寿司"里，有了店里女师傅用心捏出来的寿司和美酒的安慰，我的心情总算开朗起来。

鹄沼之夏

　　在这炎夏中向您问好，请问您是否依然健康无恙？附
带的资料也已经收到了吗？要是您有友人需要这些资料的
话，也请尽量提供给大家，不要客气。要是这些资料能有
一点帮得上忙的地方，那我也就心满意足了。

　　　　　　　　　子母泽　宽　敬上　于鹄沼

　　我接到这张子母泽宽先生寄来的明信片是在四年前的
盛夏，没隔几天，一个巨大的包裹被送到我家，这就是明信
片里说的"附带的资料"。包裹的内容是几卷有关江户时代
司法制度的古书，子母泽先生知道我正在写《鬼平犯科帐》，
于是热心地将这些贵重的资料寄过来给我参考。话说回来，
从数年前开始就陆陆续续会收到子母泽先生寄来的资料，但

这次竟然寄来这么大一个包裹，实在让我受宠若惊。遗憾的是，当时我所收到的这些古书，竟然也成了子母泽先生的遗物。我收到这些书之后，本来打算马上亲自前去向他道谢，没想到在我收到这些书的十天之后，子母泽先生就溘然长逝了。

认识子母泽先生大约是在十年前。当时我正在明治座担任由尾上松绿担纲主演，由子母泽先生编剧的杰作《父子鹰》的制作人，于是特地到子母泽先生在鹄沼的府上拜访。这出戏是我进入小说界后久违的舞台剧工作，当时我很想要让这出戏成功上演，于是很积极地向子母泽先生请益。当时子母泽先生夫妇俩都还健在，也很殷勤地招待了我，两人充满和煦暖意的亲切模样，我到现在也无法或忘。

到了用餐时间，夫人端上了丰盛的伊势龙虾，现在想想，这些东西应该是子母泽先生从附近的"金寿司"张罗来的吧。

以前子母泽先生在《每日新闻》当记者时，刚好负责担任我的恩师长谷川老师的编辑。回想起当初和长谷川老师的互动，他这样说着："我常请教长谷川先生，在他那里收获不少呢，我跟他说想要改行写小说，他总是说再等等，再等等……一直到他看我在《每日新闻》连载国定忠治的故事时，才跟我说，你现在可以改行写小说了。"

之后，我忍不住脱口而出："其实，远山四郎是我的叔叔呢。"

当时子母泽先生和夫人都惊讶地看着我："是这样的吗？"。

在子母泽先生丰富的随笔创作中，常常出现"深川鸟店的大山"这号人物，他其实就是我的叔叔远山四郎。我的这位远山叔叔在很小的时候就过继给御一新前的幕府专属"御鹰匠"的远山家当养子，之后也继承家业当上鸟店的老板，但其实并没有这么简单。

听说叔叔所饲育的黄莺，"连叫声都跟别人的不一样呢"。虽然我对于养鸟的世界实在是一窍不通，但听说远山叔叔所饲育的黄莺，要价可相当昂贵。也就是说，远山叔叔可算是鸟界的名人，而子母泽先生从战前就相当关爱远山叔叔，叔叔也常常造访子母泽先生家。子母泽先生战前的大作《胜海舟》在报纸上连载时，听说远山叔叔当时"每天"都带着子母泽先生走访残存江户时代风情的本所深川一带。子母泽先生也真的很喜欢深川这个地方。

"之前去的那家店的鲸鱼冷盘很好吃呢！现在不知道怎么样了？"

子母泽先生这样问道。那是一家在深川由名代所开的料理店。

"现在已经不行了。"

"果然……"

没过多久，夫人突然过世，之后子母泽先生就一直郁郁寡欢。听子母泽先生的公子梅谷龙一先生说："母亲去世时，请和尚来念经时父亲显得很不开心。在宗教上视死亡为一个必然的过程，觉得不需要过于悲伤，但父亲却对此大为反对。父亲认为，失去生命中重要的人的哀恸心情，没有隐藏的必要。"

由此可知他们夫妇俩对彼此是多么鹣鲽情深。

我虽然从我的编辑那里听说了夫人过世的消息，但却未能出席夫人的告别式，因为我实在无法承受看到子母泽先生沉浸在哀伤中的模样。

某天，我碰到远山叔叔，叔叔也含着泪说："其实我真的很想去拜访，但却怎么样也无法鼓起勇气踏进他们家门……"

"二战"后，远山叔叔就和子母泽先生家渐渐疏远了，但我也不清楚详细情况。

"远山这家伙到底是误会了什么啊？我很想再见到他呢……"我向叔叔传达了子母泽先生这样的心意，叔叔仍显却步，要求我道："阿正，你也跟我一起去好吗？"

"当然好。"

但是，远山叔叔还是因为东京人特有的害羞个性，迟迟未能前去拜访子母泽先生，在子母泽先生过世之前没多久，远山叔叔也与世长辞了。

◎

子母泽夫人去世后，我约有一年的时间没有去拜访过子

母泽先生。之后再有机会见到子母泽先生时，我也没有跟他说明我当初没有去参加夫人告别式的理由。尽管如此，眼前的子母泽先生是真的失去了他曾有的奕奕活力，笼罩在夫人逝世的悲伤中。子母泽先生看起来是个既沧桑又疲倦的老人。

"我的生命力已经被夺走了。"

子母泽先生语带寂寞地扯出一个淡淡的笑容，却更显忧愁。

后来我带着到京都新选组的故地考察的照片过去拜访他时，他一脸怀念地感叹道："现在已经变这样了啊……"然后，子母泽先生低喃着："要不是我心脏不好，还真想再去京都一次……"

子母泽先生年轻时候在以忙碌出名的报社工作，当时他可是以好体力著称的。

"有时候搭夜车去出差，然后搭夜车回来，隔天还继续工作呢！"

就这样，子母泽先生也常到京都，对新选组的调查也巨细靡遗，为了可以访问到当时还在世的"历史的最后见证人"，子母泽先生更是大街小巷地寻访着，花了长达十年的时间才完成了巨作《新选组详史》。

"要是再晚一步的话这些人可能就不在了。"

这本《新选组详史》充满了子母泽先生澎湃的热情，读了之后更会对京都油然生起一股亲切之情。子母泽先生一听到我说要写有关新选组的小说，更是毫不吝惜地把所收藏的珍贵资料全都翻出来给我，直说："尽量用，别客气！"

几年前，恩师长谷川老师过世，当时我的内心也是相当落寞，而那时只要有机会碰到子母泽先生和他说说话，就像是在我胸口点亮一盏温暖的灯火般，让我感到相当安慰。

从藤泽车站搭巴士到达子母泽先生家，我对门口接待的人通报后，子母泽先生昵称为"都都子"的帮佣老妈妈出现在玄关，带着我穿过走廊到达会客间。等了一会儿后，当时虽已年迈却仍威风凛凛的子母泽先生在"久等了"的招呼声中走了进来。两人略微闲聊了一下后，我深爱的"金寿司"就送外卖的寿司过来了，听说这是子母泽先生特地为我准备的。之后，子母泽先生又豪气地拿出整瓶的威士忌来招待我。

在跟子母泽先生聊到长谷川老师晚年的生活时，我在心里也一直提醒自己："不要待太久免得让老人家过度劳累。"尽管如此，我这个人又是人家给我什么，我就全盘接受的个性，子母泽先生又不能喝酒，我只好恭敬不如从命地一个人喝光了整瓶威士忌，喝到满脸通红、胡言乱语。但子母泽先生还是很有耐性地听着我的醉话，还不时亲切地问道："嗯嗯，然后呢？然后怎么了呢？"

当然，关于吃的话题也不少。子母泽先生写过《味觉极乐》一书，因此对于美食界也有着老饕级的专业见解。在《味觉极乐》中，有一段是这样的：

"……在汤锅中将水煮开后，放入二百文（约六百克）的猪肉，等猪肉全部沸腾后再迅速地放入乌龙面，待乌龙面一烫散之后即可捞起，最后淋上特制酱汁食用。切记不可把乌龙面烫到连芯的部分都烫熟，时间点的拿捏虽然有点麻烦，但乌龙面散开的瞬间才是乌龙面最美味的时候……"

我听了这个方法马上就回家试了，真的很美味，我到现在也还常常这样做。不过我做的乌龙面并没有这样的坚持，只是把脂肪多一点的猪肉切细后放进乌龙面煮开，然后过一会儿后把乌龙面捞起，淋上子母泽先生教我做的特调酱汁：以酱油一、味啉一和昆布高汤四的比例特调，要是嫌麻烦的话就只淋上酱油也一样美味。

不过跟子母泽先生共处的温馨时光，也在那之后三年永远结束了。

子母泽先生丧礼的前一天下午，我一个人呆呆地站在子母泽家的庭院里，茫然地注视着里头人们忙碌的景象，想起前一年的年底子母泽先生曾这样跟我说：

"像这样可以跟你天南地北地闲聊的日子应该也不多了吧……我想我那老伴应该很快就会来接我了吧……"

隔天，子母泽先生的丧礼在鹄沼幽静的家中肃然举行。盛夏马路上的电线杆上贴了往子母泽先生家的指示标志，上头写着"梅谷家"。子母泽宽先生的本名是梅谷松太郎，电线杆上的黑框纸张让我强烈地感觉到子母泽先生在临终前这样交代遗族："就算我当'子母泽宽'当了大半辈子，我也要以梅谷松太郎的身份死去，剩下的就交给你们了。"

恩师长谷川老师去世的时候也刚好是夏天。从小就跟父亲和祖父辈没什么缘分的我，因为这两位长者而让我可以感受到父亲般温暖和煦的关爱，他们的离世让我更是万分惆怅。这两位令人敬爱的父执辈对我是如此之好，我会将这份感谢之意深藏心中，度过今后的每一个日子。

面对着这两位重量级的大师，一般人都是抱着敬畏之心选择"远而敬之"，少有人可以以初生之犊不畏虎的姿态挑战这两位长者的权威，但我在面对两位长者时却是属于后者，也因此，这两位长者带给我的收获也不是三言两语所能道尽的。

近江·八日市

滋贺县的八日市位于彦根市以南六里处，搭从米原车站出发的近江铁道电车，不到一个小时的时间就可以抵达。

往西两里的地方，可以看到琵琶湖城镇的周遭景色，有当初织田信长所建造的安土城堡遗址，也有近江名家佐佐木（六角先生）城郭所在的观音寺山，再往南越过蒲生山的话则有甲贺忍者村，写历史小说的我已经来过这一带很多次，算是相当熟稔了。

八日市正如其名，古时候这里是一个繁华的市集。

"……这个市场是近江最为繁华的市集。曾有这样的一个故事：从前，佐佐木四郎高纲南下关东时，看到一个叫作栗本喜介的人牵着马要前去市集贩卖，四郎尾随着喜介到达八日市之后，便杀了喜介把马据为己有，然后骑着马前往镰仓……"

在民间逸史中有着这样的记载，想必这里从前也是马市相当盛行的地方吧！

我现在正构想着下一个以忍者为主人公的小说，其背景地点想要设在八日市，这也是我这次来到这里考察的原因之一，另外则是因为我很想再试试八日市"招福楼"的料理。以前曾经吃过一次，当时对可以吃到这样的美食相当感动，但后来就没有机会再去了。

今夏，在京都的祇园祭的宵山之夜后，我得了几天的空，于是赶紧把握机会造访"招福楼"。八年前我来的时候，八日市还是一个宁静的小城镇，如今车站前面盖了一栋超市大楼，马路上也车水马龙了起来。不过令人欣慰的是，"招福楼"的一切都还是跟我熟悉的样子一样，始终如一。

进门后，我经过融合了武家风格和茶室风情的玄关往座位上走去，在各个包厢中都装饰着祇园祭山鉾神轿的小模型，房间里也缭绕着熏香的气味。栅栏的对面是有着白沙绿洲的雅致庭院，温和地融在微暗的夜色之中。

中年女侍们先端上润喉的梅酒，小小的杯子里飘着薄薄的浮冰，尝来相当温醇顺口。梅子的清香在口中缓缓散开，既不会过于辛辣也不会过于甜腻，有着可以消除舟车劳顿的清爽香气。

接着我们被引导至古风味十足的浴室洗去一身的风尘后

来到用餐间，不一会儿酒就被端了上来。这天的菜单如下：

前菜：海胆山药泥、莼菜（水莲）、柚子签（先在黑色漆器的方形小箱中盛满冰块，然后在冰块中放入玻璃杯，杯中则摆有柚子签）。

清汤：烤茄子加鳢鱼裹葛粉（有着浓郁的乡野风情）。

生鱼片：鲷鱼生鱼片（在银盘中将碎冰做成馒头状后铺上鲷鱼），接着是盛在黑漆高脚盘中的鳢鱼和甘鲷鱼的寿司卷。

八寸：有熏鲑鱼、面粉饼卷起司、山桃果实等，都在碎冰上整齐排列着。

盐烤香鱼一开始是盛在陶盘中，因为实在太过美味，就在我忍不住想要请她再给我一尾时，女侍已经端着小竹笼上来，躺在小竹笼里竹叶上的正是刚才吃的香鱼，让我吓了一跳。接下来端上来的是秋葵荞麦面，用一块冰块挖空后当盛荞麦面的容器（不用山药而用秋葵创造出勾芡效果这一点也很特别）。这一道菜洗净了刚刚吃香鱼时在口中所留下的味道。

接着是炖海鳗，饭则是鳗鱼茶泡饭，水果是葡萄柚和澳大利亚特产奇异果。

◎

创意这东西真是了不起。

当然要是料理本身很难吃的话，再怎么有创意的表现也只会让人感到厌恶，但"招福楼"里的创意则更突显出了食物的美味，我个人感想是：真是好吃得不得了啊！"招福楼"本来是在八日市以花街而闻名的延命新地（真是个风流的名称）的一家茶店，后来因为现任主人对料理的喜好和讲究，以茶道人的精神努力钻研之后创造出了现在充满个人特色的怀石料理。这边的调味和食材的选择跟东京四谷的"丸梅"有异曲同工之妙。

相同点是这两家的老板都是外行人，因为兴趣而进入料理的世界，学了各种不同的料理风格之后，终于渐渐研磨出属于自己个人的独特味道。

虽然古时候的民宅风也相当不错，但现在这栋十年前由大阪建筑师平田雅哉所设计的新馆，每一间也都各具特色，独有风情。来到这里，真的会让人觉得"招福楼"尽收了日本自古以来就有的传统建筑之美，不得不让人感慨这在现今社会诚属难得，是相当珍贵的一大优点。

吃完饭后我回到隔壁的接待室，一旁有铺好的洁白床铺可供休息，我躺下时，内心涌上一股莫名的感动与开心，那种欢欣之情至今难忘。

"招福楼"不但让客人酒足饭饱，还提供贴心的住宿服务，

这样的享受可不便宜。但跟京都那些莫名其妙就以高价定位来赚钱的店家比起来，"招福楼"的这一切用心招待让我们这些客人清楚地知道店家并没有借机牟取暴利。这里绝对值得让人平常忍耐着吃便宜普通的东西，然后把钱存起来后，来这里彻底享受一次，保证可以获得全然满足的超值享受。

入夜后，我不期然地张开眼睛，外头传来细细的雨声，飘荡在暗夜里的冰冷空气是这样的清冽，实在不像是夏天。

咖喱饭

与其称呼为"咖喱饭"，其实我比较喜欢说是"饭咖喱"，因为战前我们这些东京的小市民们都是这样说的，我第一次吃到这玩意儿是母亲做给我们吃的。母亲为我们做过类似西餐的东西，印象中就只有"饭咖喱"和马铃薯的可乐饼，还有就是炸猪排盖饭而已了吧。

四十年前，母亲做的"饭咖喱"是在大汤锅中先把水烧开，将猪肉丝、胡萝卜、洋葱等一起放进去焖煮，然后等全部材料都煮透煮软之后，撒上咖喱粉和面粉勾芡就算完成，最后一个步骤则是将煮好的咖喱大匙大匙地淋在白饭上。虽然听起来实在没什么，但每次只要一听到母亲说："今天晚上吃饭咖喱喔！"我的眼睛都会忍不住发亮。

我进入小学后一共换过四位导师，一、二年级的导师

九万田贡是鹿儿岛出身。萨摩人自古就以勇敢敏捷闻名，这位老师就住在浅草永住町，离我们家非常近，师母则是专门教萨摩琵琶的音乐老师。

九万田老师看起来有九州男子的倜傥气概，当时年方三十七八岁，但在我的眼中他看起来至少有四五十岁，而我对这位老师有如对父兄般的孺慕之情。

在我们恶作剧或懒惰不念书的时候，老师会毫不留情、重重地惩罚我们，但因为他的公正，我们并没有人生气或记恨。九万田老师每到中午吃饭时间都会吃五颗牛奶糖来当午餐，同时他也是个很有涵养的人。午餐时，我们吃着饭，他就会把自己收藏的画轴挂在黑板上，说完"请同学们边吃饭边看这边"后，就会向我们详细地说明赏画的技巧和这幅画的价值。

外祖父是个热爱赏画的人，听说了九万田老师的事迹后大感激赏，马上就把平福百穗还是谁画的袱纱巾拿去送给了老师。

老师现在已经回到九州的故乡养老了，每次有机会来到东京都会提起这件事，并说道："那个袱纱巾，我到现在都还保存得很好喔！"九万田老师就是这样一个正直朴实的老师。

我四年级时的导师是立子山恒长老师，长得很像已故的电影演员威廉·鲍威尔（William T. Powell），是个个性温厚、品行端正的人。

这位立子山老师跟九万田老师一样，会陪学生一起吃午餐。这点是不错啦，但立子山老师每天都从西餐店点外卖当午餐，例如炸猪排蛋包饭、牛排或是咖喱饭这些，用餐时也总是用刀叉吃得锵锵作响，让我们这些只能吃海苔便当的学生们很是无奈。"要吃也不用在我们面前吃啊，很炫耀耶！"

即使如此，因为老师对我们的温暖心意确确实实地传达到我们身上，我们班上并没有人因此讨厌立子山老师。我十岁那年，父母刚离婚，我被伯父伯母收养，伯父好像为了我的事曾多次去拜托立子山老师多多关照，不过我并不清楚这件事。有一天放学后，立子山老师把我带到空无一人的绘图室，跟我说："刚刚从你伯父那里听说，你父母现在正分居中。"

"是的。"

"那你还好吗？有没有让你觉得难受的事发生？"

"没有。"

这时，西餐店的人刚好送咖喱饭过来。

"来，吃吧！"

"咦？这是要给我吃的吗？"

"是啊，我特地为你点的喔！"

"啊！谢谢老师。"

我一点也不客气地抓起汤匙就吃了起来，我记得当时心

里想着："这个咖喱饭真是好吃，母亲做的完全比不上呢！"

然后，我不一会儿就吃得精光了。

"我吃饱了。"

我把汤匙放回盘中，抬头看着老师，当时我虽然只是个孩子，但却对老师表现出来的体贴心意感动无比，我到现在还可以清楚地记得那时立子山老师用充满慈爱的笑容凝视着我的表情，让我心中溢满谢意与感激。老师对于我这个因为父母离婚被送到伯父家过着寄人篱下生活的学生表现出的关爱心意，完全打开了我的心扉，让我忍不住热泪盈眶。

老师点着头，说："乖，要坚强喔！"然后接着对我说："以后要是有什么问题，尽管来找我，不要客气喔！"

在那之后，我在学校的表现还是跟往常一样活泼开朗，立子山老师应该也觉得放心了吧。总之那之后就再也没有出现过类似的待遇了。不过在我的记忆中，再也没有比在绘图室里吃的那盘咖喱饭印象更鲜明的食物了。

三年级的时候我是由其他导师带的，当时我的"操行"成绩不是"乙"就是"丙"，表示在老师眼中我的表现不太优良，但立子山老师给我的操行成绩全都是"甲"。

立子山老师现在已经年过八十，在京都内的一家幼稚园当园长。

◎

战前银座的西餐厅"摩那米"里的咖喱饭很有名，我当时吃过后的感想是：真没想到这世界上竟然有这样美味至极的咖喱饭啊。不过，人对食物的回忆总是掺杂着无数内心的思绪，也因此每个人的喜好也总是天差地别。

前几天我到涩谷去时，顺道绕到十几年没去的百年咖喱老店"木鲁基"一探究竟。"二战"后，我之前工作的证券行一直迟迟没有要重新开张的迹象，我于是转行当东京都的公务员，心中决定和战前的自己做一个"干脆的了结"。也因此，兜町的老友曾惊讶地说我："简直像换了个人似的！"

战争结束后已经又过了二十七年，我现在已经完完全全融入了俗称自由业的小说家的世界中，老友们感慨地对我说："阿正，感觉你又回到以前的样子了呢。"但这意思并不是说我又回到过去的生活方式，我想这应该是一种"气氛"的回归吧，我自己有时也会有种"是啊，可能真的是这样"的感触。

我在东京都当公务人员的时候，一开始是在保健科做督导环境卫生的工作，之后又被调任到税务科，地点也换到了离涩谷较近的 M 区，成为该区的税金征收员。征收员主要的工作就是照着滞纳税金的名单，一家家地登门拜访请他们补税，老实说，这实在是个讨人厌的工作。

不过，在二十几个征收员中，我的业绩却一直维持在前五名以内，而且我也几乎在中午之前就可以收回我当天计划的目标税金。不过我头一天晚上都会花两个小时左右先做一

食桌情景

番全盘演练，思考着如何可以不跟滞纳税金的人起冲突又可以顺利地请他把税金缴出来。

在我担任这个职务的三四年之间，只有两次在人家家里贴上红色的"查封"封条的记录。一次是在某大臣家，另一次则是在一个共产党员家，两家的夫人都对我深恶痛绝，对着我把所有能想到的难听话都给骂尽。

在我贴完查封封条回到市公所后没多久，大臣家马上就派人前来补缴了税金，事情也随之了结。但共产党员家那次却不同，当我傍晚回到市公所时，门口插满了明显刺目的红色大旗，这也难怪，因为在被夫人谩骂的当儿，我实在咽不下那口气，忍无可忍地出手打了那位夫人一巴掌。

当时的科长实在是个了不起的人物，一直到最后一刻都坚持站在我这边，没有作一丝的妥协。但我还是因为自己的错误被处以半年的"减薪"处分，我想这个处分要是在现在的话一定会引起很大的问题吧。不过当时那个社会，长官可以斟酌处分。

当时只要一到午餐时间，我就会跳上自行车从 M 区一路骑到涩谷，在那里吃了不少好东西，而我最常光顾的店就是百轩店的"木鲁基"。"木鲁基"虽然是一家店面不大的小店，但它的咖喱饭别有一番风味，就算每天吃也不会腻。这里的白饭看起来像喜马拉雅山似的伫立在盘子的一边，咖喱鸡肉的酱料则像是山腰上的草原一样蔓延而下，当中最让人无法放下汤匙的就是那浓黑辛辣的咖喱所散发出的阵阵香气。这样的咖喱饭在当时一盘只要七十元，加蛋的话则是一百元，另外还有印度咖喱烤饭，印象中也只要一百二十元。

时隔十几年后我再次来到"木鲁基"，这里的咖喱饭已经涨价到二百五十元，我心中感叹着："哇！变好贵了耶。"

不过这是因为我的感觉是从七十元到二百五十元，要是仔细跟这世界上其他物价上涨情况相比，"木鲁基"的咖喱饭还是很便宜的。嗯，这世界上所有的事物还是要互相比较才能得到客观的结论。

这里的味道，虽然很想说跟以前一样好吃，但其实是变得比以前更好吃了。跟大阪的"阿弥彦"一样，我想每个来这里的客人应该都可以很清楚地看到老板用心经营的原则与坚持。现在店面跟以前比起来是大了许多，但还是跟以前一样有着可以让人愉快安心的用餐环境，也跟以前一样是家值得大力推荐的优质好店。

夏天是适合吃咖喱饭的季节。我们家的餐桌上也常出现咖喱饭，最近较常出现的是"古风咖喱"，不过可不是像母亲以前做的那样，只是把所有的东西都丢进锅里搅拌就可以的。我试着写下我们家"古风咖喱"的做法吧！步骤如下：

1.将较多脂肪的猪肉切成适合入口的大小，撒上适量的盐、胡椒和一小匙的咖喱粉。

2.将少许的洋葱、胡萝卜、马铃薯、大蒜和生姜切成小

粒后，在平底锅中用沙拉油炒过。之后，再加上面粉勾芡，等炒到材料都略带褐色之后加上两小匙的咖喱粉继续炒，然后将咖喱块放进热水中溶化后倒入，做成咖喱酱。

3. 猪肉、马铃薯、胡萝卜和洋葱先别以大火快炒之后，将之前做好的咖喱酱倒入，最后再加上半大匙的咖喱粉煮开即可。

与步骤 2 中咖喱酱里的蔬菜处理略有不同，步骤 3 的蔬菜需切成略大的块状，我个人比较喜欢马铃薯、胡萝卜和洋葱以完整的形状漂浮在咖喱酱上的感觉。我的"饭咖喱"做出来后比较像是把咖喱"汤"淋在饭上的感觉，并不像市面上的咖喱那样浓稠。

小鹿物语

我第一次读罗林斯（Rawlings）的《小鹿物语》是在战争结束后一年，也就是在昭和二十一年（一九四六）夏天。

当时我还是东京都的公务人员，在下谷（台东）的区公所的保健科内，担任包括以流浪汉多而出名的上野山内等地在内的整个区域的传染病预防保健工作。保健科其实是因为美军驻军的命令而增设的单位，当时我跟着美军的作业员一起担任区内的疾病预防员。当时正是斑疹伤寒猖獗的年代，为了喷洒 DDT 和注射疫苗，我们几乎不分日夜地工作着，尽管如此，食粮不足这点却让我觉得有些丧气。要是跟现在的年轻人谈起当时的食粮是多么不足，他们应该完全无法想象吧，不过像现在这样天天都有大鱼大肉可以吃，连我都快忘了当时的辛酸。

当时我们是靠玉米、面粉和芋头粉这些东西活过来的，想想真厉害，我们竟然单单靠这些东西就支撑起这样大的劳动量；我们现在几乎每次碰到同时代的人都会有很多甘苦谈，当时的我们每一个可都是瘦巴巴的皮包骨呢。

◎

在那样一个物资缺乏的时代里，我在谷中的二手书店买了一些书，其中有一本就是由三笠书房所出版的《小鹿物语》。这本小说我不知读了多少次，真的是一本相当杰出的小说。

故事发生在百年前的美国南部佛罗里达的灌木丛林地带，描写以狩猎和农耕并重的拓荒者们的生活，他们完全是依照着日月星辰的运转过日子。故事以少年乔蒂和他的家人为中心，描述乔蒂和他挚爱小鹿的成长故事，情节紧凑逼人，把读者深深地牵引入书中的世界无法自拔。这是一本我每年都会再去翻一次的小说，真的很棒！

话说回来，二十几年前我常常饿着肚子工作，之所以会对这本书深深着迷，原因无他，完全是因为书中所描述的佛罗里达森林里的餐桌情景实在太过栩栩如生、引人入胜的关系。请容我在这里与大家分享山屋三郎先生所翻译的片段：

"乔蒂除了眼前的食物之外什么也看不见、听不到了。……山牛蒡的嫩芽配上略带脂肪的培根肉，美味肉包的内馅是昨天刚捕到的龟肉、新鲜马铃薯和洋葱，再加上充满酸甜柳橙汁风味的刚出炉面包，还有放在母亲手边的甘薯面包都让他垂涎不已……"

各位看官感觉如何啊？是不是跟我一样开始垂涎三尺了啊？

"……培尼用一小撮的青苔把平底锅稍微拭过之后，再次放回火上。他转身将培根切成薄片，当培根在平底锅中开始带点褐色，培根里含的油也开始滋滋冒泡时，他将鹿肉的薄片平摊地放进锅中，慢慢地把鹿肉煎软……"

山屋先生的翻译着实让人心生感动。

还有山渣子果酱、西米露布丁、将豹的心脏或肝脏切成薄片后熏烤，等等，"……餐桌上，有干豆炖培根、里脊鹿肉卷、大盘香炸松鼠、小椰子椰果、玉米粥，还有葡萄干布丁，正向我们招手……"

再写下去真的会没完没了。

或许是因为《小鹿物语》的影响吧，我在写历史小说时也相当重视登场人物用餐的情景，总而言之，每次读这本书我都会有饱餐一顿的错觉。

◎

《小鹿物语》在"二战"之后翻拍成电影[1]，导演是克拉伦斯·布朗（Clarence Brown），饰演少年乔蒂的是克劳德·贾

---

[1] 中译名为《鹿苑长春》。

曼（Claude Jarman Jr.），父亲是由格利高里·派克（Gregory Peck）、母亲是由简·怀曼（Jane Wyman）饰演，每一个选角都非常合适，但导演的表现却让我有些失望，最主要的原因是在原作中那样多姿多彩的餐桌景象，在电影中竟然全都被忽略了。我想过若现在要把《小鹿物语》再翻拍成电影的话，"谁最适合当这部戏的导演？"这个问题，但绞尽脑汁却想不出适合的人选。

约翰·福特（John Ford）要是年轻一点的话应该会很适合，我想他应该不是个会忽视餐桌重要性的导演吧。此外，拍《野性少年》的法国导演弗朗索瓦·特吕弗（François Roland Truffaut）应该也会有不错的表现。至于乔蒂的话，就请现在当红的童星马克·莱斯特（Mark Lester）来饰演；父亲一角的话跟前一部作品一样，想请格利高里化妆化得年轻些来演；母亲的角色应该有很多不错的人选，不过最符合我心目中形象的是英格丽·褒曼（Ingrid Bergman），由体格健康的褒曼来饰演在佛罗里达丛林中和大自然坚强搏斗，具有强韧毅力的女主人公应该是再好不过的了。

我似乎又离题太远了。

近朱者……

　　夕阳下我一个人在神田的街道上散着步，突然间，一个高瘦、充满绅士风度的老先生叫住了我："咦？这位不是池波家的阿正吗？"

　　"我是……"

　　我认真地想要认出来者何人，但脑海中却没有任何印象。最近随着年纪渐渐增长，我的记性也愈来愈差，我对于自己不记得这位老绅士这件事感到极度心虚。

　　"不好意思，请问您是哪位？"

　　"哈哈哈……你忘了也是应该的啦！你的小说每一本我都看过，偶尔也会在杂志上看到你的照片，所以才可以一眼就认出你来。"

　　"那，真的很不好意思，请问您是……？"

"我是筱崎啊！"

"嗯……"

这位筱崎幸之助先生是我在证券行时代的好友井上留吉的客户，现在他们家的店已经不在了，但想当年他可是著名化妆品老店的少东家呢。事实上，我上次看到他的时候也是在三十年前。

虽然筱崎先生并没有来过我们证券行，但因为我和井上三天两头都混在一起，因此也常常跟着他一起去拜访筱崎先生。不过话说回来，还真是认不出来啊！"二战"前，也就是三十年前，筱崎先生可是一个体格浑圆壮硕的彪形大汉，食量大，酒量也大，但现在却完全不一样了。

当时筱崎先生才刚娶了个京都的妻子，每次一起吃饭都可以听到他在抱怨自己的妻子。

"那个臭婆娘！"

以他少东家的身份实在不像是会说出这种粗俗话的人，但他总是以万分后悔和嫌恶的语气埋怨着："你们记住绝对不要娶京都的女人当太太！"

"为什么呢？"

"因为她们每天都会喂你吃难吃到不像话的东西！"

"譬如说什么东西？"

"譬如说汤好了，喝起来根本就跟热开水一样！她炖出来的东西更会让人怀疑这世界上是没有盐巴、没有酱油，也没有砂糖！真的很受不了！真令人生气……"

"既然这样，那就把太太赶出去吧？"

井上这家伙，就算对方是自己重要的客户却还是一样出言不逊。

"好！我回去后就把她赶出去！"

每次见面时，筱崎先生都会边大口吃着大块的牛排或天妇罗等，边感慨地说：

"呼，总算活过来了。我这样天天吃我老婆煮的那些东西，再这样下去一定很快就死了吧！最近每次到外面来吃东西都会有重生的感觉。"

"把她赶出去吧！"

"好，赶出去！"

在口口声声"赶出去、赶出去"的抱怨声中，战争的乌云渐渐飘近，我们也从此断了音讯。

◎

前几天，我看了导演约翰·芬奇（John Finch）回归祖国英国后所制作的杰作——《狂凶记》（Frenzy），并对于芬奇这次重回影坛巨作的完美感到瞠目结舌。这部电影中，亚历克（Alec McCowen）饰演一位牛津的警察，他的太太是个相当聪明但却热衷于研究法国料理的女人，每天晚上都做法国料理给自己的丈夫吃。这位中年警察每天回到家都愁眉苦脸地面对着桌上的法国菜肴，但第二天到了警察局办公室，总是一脸愉悦满足地吃着外送早餐——培根蛋土司。

这位警察太太由维维安·麦钱特（Vivien Merchant）所饰演，这对夫妻的对话总让人捧腹大笑。坐在我隔壁的两个三十岁左右的男人更是笑到流眼泪，低声对谈着："演得真好耶！"

"对啊！"

听说维维安下次要在悉尼·吕梅（Sidney Lumet）导演的新作品中担任肖恩·康纳利（Sean Connery）所饰演的秃头警察的太太一角，这个角色跟《狂凶记》中的大不相同，听说是个在街坊间很有魄力的飒爽型警察太太。吕梅导演似乎对食物没什么兴趣，应该不会出现什么吃的场景吧！总之，我在看《狂凶记》时，会忍不住地联想到："哇，跟从前筱崎先生的情况差不多耶！"

◎

之后，我和三十年不见的筱崎先生决定一起去连雀町的"薮"里喝一杯。我边吃着天妇罗荞麦面边喝着酒，筱崎先生则是以烤海苔来下酒，语带惊讶地说：

"真亏你吃得下这样辣的荞麦面。"

"咦？筱崎先生以前不是最喜欢这里的荞麦面吗？"

"现在不行了，味道太呛了，东京的荞麦面都太辣了。"之后又强调了一句："东京的食物不行了，每一样东西都太辣，味道都太重！"

"咦？"

"对了，阿正，怎么样？最近还有跟井上留吉联络吗？那小子现在怎么样了？"

"最近音讯全无了。"

"是喔……"

"听说他现在人在九州……"

"是喔……不过啊，阿正，最近东京不是说很流行关西料理吗？怎么到了东京之后，连关西料理的味道也变重变咸了呢？真伤脑筋啊！"

筱崎先生不只是外貌变了，连味觉也改变了。

筱崎先生捏着烤海苔边吃边说道："阿正，我最近啊，因为深居简出的关系，一想到要出去外面吃就觉得很麻烦呢，说到底，还是我太太帮我准备的那些清淡的京都料理最合我的胃口啊。"

我在心中默默地咕哝着："随便你，你开心就好。"

人在横滨

清晨的浪花有如抒情小曲般清新宜人，

一抹的云彩装饰在微暗的天际上，

有时，雾般的海浪让人有一头闯进花店的朦胧濡湿感。

仿佛将湛蓝的天空加水调淡般，

港口的音阶，既像黑人灵歌，又像海鸥的鸣唱，

让街道上的人们联想起水母的沉浮。

花店、水果店，剥开后热气腾腾的栗子，

肤色黝黑的人们面带微笑地走过，

港口的清晨如花蕾般悄悄绽放。

市场中，一朵康乃馨如海上浪花般，迎面而来……

"二战"前的横滨，就有如这首新诗般充满了美丽又悠

闲的风情。在我十八到二十一岁的那段日子，就算只是漫无目的地在横滨的港口、街道上闲晃也觉得满足，有着仿佛喝着醇酒般的快意。横滨对当时年轻易感的我而言，是个充满魅力的城市。

对了，刚刚的那首诗是从英年早逝的诗人山田芳夫所留下的唯一一本，由第一书房出版的诗集《菊花的历史》中所选录，诗的标题是"港口的清晨……"。

当时，让我体认到"横滨的存在"的启蒙者是大佛次郎先生所写的小说《夜明珠》和以横滨为背景舞台写过很多作品的已故北林透马先生的小说。

"没想到东京附近竟然会有这样有魅力的城市！"

当时，我常和挚友井上留吉两人相偕一起到横滨，一开始，井上对横滨并没有特别的好感："真是个无聊的地方！跟东京不一样的地方就只有船浮在海面上而已啊！我说阿正啊，没必要特地一定要跑来这种地方吧？"

但来了几次之后，他也渐渐地找到横滨过人的地方而改变态度，后来更变得只有我一个人住在"新乐园"饭店，井上通常都是第二天早上才会回到饭店，敲着我的房门说："嘿嘿，早安"。

时节正好是深秋，港口被浓雾所笼罩，停泊在大栈桥边的外国籍船舶上，可以看见船员所养的波斯猫悠哉游哉地在船板上散步的模样。

上岸之后，港口附近的官厅街和商店街也都有着一股沉稳的气息，弁天通一带专为外国人设立的众多商店和气氛高雅的餐厅静静地伫立着，散发着和横滨开港以来就存在的古商店街的元町相同的异国风情。

在弁天通里，有一家叫作"西伯利亚"的西餐厅，既是餐厅也是咖啡店，同时也是酒吧，总之是个相当符合横滨气氛的小店，我和井上两个人曾在这里的众女侍们的揶揄戏谑下，吃着厚实的炸鲽鱼配葡萄酒。这里的妈妈桑是个美人，有时会梳着艺伎风的发髻来到店里，尽管如此，却仍能与店里的摩登感完美融合，这就是横滨不可思议的地方。

战后，"西伯利亚"转移到附近的马车道去了，现在也还健在如昔。

我和在横滨的老友牧野勋先生——同时也是伊势佐木町附近"豪斯·奈克"酒吧的老板，一起在马车道上散步时，无意间看见了"西伯利亚"的招牌，我问道：

"这是本来在弁天通那家吗？"

"内行的喔，那，要不要进去看看？"

牧野先生这样提议道。店里的气氛已经不太一样了，但还是跟以前一样是一个可以让人放松心情的酒乡，对于这一点我感到很开心。

◎

当时，我在"新乐园"的酒吧里看到过大佛次郎先生两次左右。在我眼中，大佛先生是个英姿飒爽、肤色白皙、高大挺拔的年轻绅士……而且似乎每次都只喝白兰地酒。忘了是什么时候了，那时大佛先生和看来像是出版社编辑的中年男子一起喝着酒，不知因为什么话题大佛先生大笑了起来："我现在变得不喜欢工作了。"

我到现在还可以清清楚楚地记得当时听到这句话的心情，我对着井上低声说道，"那位就是大佛次郎"。

井上随着我的视线看过去后说："那位就是写《鞍马天狗》的大佛喔，本人看起来很像岚宽寿郎耶。"

总之当时横滨对我而言是个有趣又特别的地方，我大概隔三四天就会过去一趟。证券行的工作结束后，我离开公司，在昭和通日本桥邮局前面搭出租车一路开到横滨只要三元五角；要是回来时太晚的话，就在海滨边拦车回东京，通常也只要二元左右。

《夜明珠》小说中的主要背景是一家叫作"吉祥"的酒吧，酒店老板曾说过这样一句话："高野先生说要去华胜楼，刚刚已经和大家一起浩浩荡荡地过去啰！"我看了小说后，迫不及待地赶到这家位于南京町的"华胜楼"去见世面。

北林透马先生的小说对我而言就像是介绍横滨的教科书一样，有无数次，我特地登上本牧、外国人墓园或丘上，只为往下眺望横滨港的风景。

现在在元町或南京町的暗巷中还可以隐约地感受到当时

横滨的市街风情。另外，每当我到曙町的牛肉火锅店"蛇目屋"时，也可以感受到我记忆深处的横滨旧日情怀；从前"蛇目屋"的牛肉火锅里面既没有香菇也没有豆腐，就只有纯牛肉和大葱而已，客人则可在大包厢中恣意地大啖火锅。

另外就是"新乐园"饭店的接客大厅也残有往日风情，每次都让我有"只有这里还是跟以前一模一样"的安心感。

在那之后又过了近三十年的光阴，我拿到了直木奖。颁奖典礼时，我从评审委员之一的大佛先生那里听到了道贺与鼓励的话语，三十年前的我可是做梦也没想到会有这一天呢。

◎

即使在现在的横滨，也还可以找到在东京已经完全消失殆尽的"明治"余晖。我的恩师长谷川伸也是横滨出身，他少年时期的好友——去年去世的企业家内山顺老先生或先前提到的牧野勋先生也一样，这些历经昭和岁月的老先生们都没有离乡，而是选择固守在横滨继续述说这里的历史。

这里或许以后会有更大的改变吧，但现在，我还是可以从街道旁商店里的商品、料理店里面的菜单和服务中，感受到明治时代所残留的风骨、亲切感和责任感。此外，从开港时代就居住在这里的人所展现出的悠闲与和煦暖意，也仍荡漾在横滨这个城市中。例如，只要去"新乐园"饭店住一宿就知道，这里的待客服务真的就跟三十年前一模一样，坚持始终如一。

这些年，在这饭店的一楼增设了咖啡厅，这里的冰红茶香醇浓郁，很是地道；而要是点冰淇淋的话，也会送上漂浮着碎冰的水供客人解渴。当然，这是理所当然该有的服务，但是，我最近到银座的一家老店新设的咖啡厅，点的冰红茶喝起来跟白开水没什么两样，只不过上面浮着一片柠檬片，就要一百五十元。假设"新乐园"的冰红茶也是一百五十元好了，这中间最大的差别表现在产品真正的价值与其背后的服务精神上，而这些也是店家对自己商品负责与否的"责任感"问题。

◎

昭和二十年（一九四五）三月，当时我正在海军服役，突然被转调到横滨矶子的"八〇一"空军基地。在第一个准许外出的休假中，我到弁天通的"西伯利亚"借了电话，打回家报平安。

"耶？你现在人在横滨喔？"

母亲和外祖母听到这个消息都觉得很是讶异。

"是啊，今后也可以外出，不过我们航空队不可以到川崎以外的地方，所以你们来看我吧，我会帮你们准备好羊羹和麦芽糖，但你们要带好吃的腌菜和包很多海苔的饭团过来看我喔。"

母亲说道："一听到有羊羹可以吃，看来我不去都不行了。"

于是，母亲在我下一个外出休假时，来到樱木町车站看我，我觉得很开心，因为母亲连我被横须贺海军团征召入伍时都没有来送我。母亲当时甚至还这样"安慰"我说："不用担心，你是祸害遗千年，不会这么简单就死的啦！"

然后就让我一个人孤零零地入伍去了。

但是这天母亲却依照约定带着食物来到横滨，穿着素缟工作和服，母亲当时明明只有四十四岁，但在我眼中看来却像个年已六旬的老妪。

我带着母亲到外国人墓地的小丘上闲逛，满足地吃光了母亲带来的海苔饭团和腌菜，然后让母亲带些我在军中拿到的和果子、麦芽糖等补给品回去。当时的母亲是到现在和我一起生活五十年来记忆中最慈祥的一次，不过母亲似乎是因为害羞才不常对我们好的。

从那之后，东京开始遭受美军密集的空袭，我在外出休假的时候也愈来愈焦躁；当时海军的平常休假时间是傍晚到隔天早上，我先到横滨泷头母亲的堂妹家换上寄放在那儿的西装，然后掩饰我军人的身份偷偷跑回东京。电车内和车站里到处都是海军巡逻宪兵队的踪影，害得我一路上都胆战心惊，紧张不已。

在新子安车站时，我被拦下了一次，情急之下我鼓起勇气用力踢了巡逻下士官的胯下后仓皇逃逸。我后来在山阴的米子基地又再次碰到这位下士官，当时的我可是吓得冷汗直流。这位下士官姓山口，当时正好到山阴基地巡逻，我在无意间被他撞见，当时真的差点没吓破胆！脑中不断地幻想着自己将要遭遇的非人待遇，没想到山口士官只对我说了句："你当时真是好样的啊！"事情就这样过去了。

◎

战后，我还会三不五时地去横滨走走，但现在已经很少去了。

以前我倒是很常光顾南京町附近、前田桥旁边的德国料理店"贝娣"，这家店是由热情开朗的贝娣阿姨一人所经营的德国家庭料理店。我好怀念店里炖得烂熟的猪脚和牛肉卷。听说"贝娣"现在也还开着，只是贝娣阿姨老了一些，也瘦了一些。

南京町里整排都是建筑华丽的中华料理店，但这条街却已经感受不到战前的风韵了。恩师长谷川伸老师说过："我当初在横滨工作的时候常去南京町吃老面，要是手头宽裕一点的话，就改吃烧卖。"恩师口中说的，不是"拉面"，而是"老面"。

"不管去几次都觉得好吃极了，有些人说我会这样想应该是因为这里有着我对故乡的怀念吧，但真的不一样，味噌也好、高汤也好、烧卖的味道也好，真的跟别家截然不同。"

在横滨，可以吃饭的地方实在太多，个人则比较喜欢到不那么有名的相生町的西餐厅"拿波里"吃他们的焗烤烩饭

或蛋包饭；不然就是到南京町巷子里的"清风楼"吃他们的烧卖；同一条巷子里的"德记"拉面也不错，我想这边的拉面应该就是恩师口中所谓的"老面"吧。

我认真考虑今后要恢复只要一有时间就去横滨走走的习惯，因为我预计过几年后，要写一篇以横滨开港前后为时代背景的历史小说。

荞麦

一个人走在街上突然想要喝酒时，我通常会选在荞麦面店里面小酌。而东京现在也还有几家店，如浅草并木、神田连雀町、池之端、滨町的"薮"和室町的"砂场"都是可以让我放心开怀畅饮的店，这些店的存在对我而言就是件振奋人心的事。虽然每个人的想法不同，但对我而言，这些店是我心目中荞麦面店的最佳典范。

荞麦面和西餐或天妇罗这些东西不同，并不是走到哪儿，随便怎么样都可以吃的食物。有一种民俗工艺品名叫"益子窑"，要是用这种窑器来盛装荞麦面的话，我觉得反而会完全丧失东京荞麦面该有的轻快感和清爽感。

池之端的"薮"里的荞麦面都是盛在附盖儿的小木盒中，木盒底下是炭火匣，吃的时候要先将烤海苔放进小木盒底下

的炭火稍微烤一下，完完全全地承袭古风。炭火匣里面当然有炭火在燃烧，这样烤出来的海苔也益加美味，这样的吃法，不但具有高度趣味性，也相当实用。

人们都说江户人爱打肿脸充胖子，他们在装阔吃荞麦面的时候又怕过于浪费，所以都只蘸一点点的酱汁就赶紧把面囫囵吞进肚里了，但他们其实很想奢侈地把面蘸满酱汁然后才送进口中。江户人在死之前常会这样说："就算只有一次也好，我希望在死之前可以吃一次蘸满酱汁的荞麦面。"

这虽然是虚构的故事，但流传相当广，不过这可不只是玩笑话喔。东京的荞麦面，例如说"薮"好了，要是蘸满酱汁来吃的话，还真的"不是人吃的东西"。

因为这里酱汁浓郁，只要蘸一点点即可入口，这样不但可以让荞麦面保有荞麦的清香，也可以清爽地大快朵颐。当然要是酱汁味道淡薄的话，不管是哪个江户人都会蘸满酱汁再吃吧。在江户，没有比将荞麦面放进酱汁里搅和搅和，然后再夹出来送入口中细嚼慢咽更浪费的吃法了，这表明这人根本不知道"荞麦面真正的吃法"！不过与其轻蔑地看待这样的举动，比较客观的说法是："这样一来，就尝不出荞麦面原本的清香味道了。"

◎

日本荞麦面的历史已然相当久远，听说在奈良时代以前就开始栽种荞麦了，一开始荞麦是从北方经由朝鲜南渡而来。

古时候，在米麦歉收无法如数上缴朝廷时，也可以用荞麦粉来补其不足，更有古书记载荞麦是"……土地不论丰瘠，一季七十五日即可成熟，是歉收饥荒时之便宜之计"。

从前荞麦的吃法是把荞麦磨成粉后，加进热水再捏塑成型后食用,这就是所谓的"捏荞麦",现在到日本桥室町的"砂场"还可以吃到这种造型简单的荞麦。店中是先将热水放进陶锅中，再将荞麦捏成树叶造型，然后再将"捏荞麦"蘸上酱汁一起吃，夏天这样吃感觉很不错。

一开始在荞麦粉里添加面粉，搅拌后搓成面条形状是在江户初期，听说是由朝鲜的僧侣元珍所东传而来。历史上记载，日本第一次将荞麦做成面条当作食品销售是在宽文四年（一六四四）左右，当时叫作"切荞麦"，一时蔚为风尚。总之，从那时起人们出门就可以不用带便当，在外面就可以买到东西吃了。我想这应该是德川家康政权统治后，在世局稳定、天下太平，人民可以从容过日子之后所衍生出来的便利性，虽然对现在的我们而言有点无法想象，但当时的人们对这点应该是感到相当开心吧。

现在，要是想要品味一下切荞麦的滋味，就要到地方都市中人们口耳相传说"好吃"的荞麦面店去才吃得到。飞驿高原上的"惠比寿"很不错，而在东京神田的须田町也有一家叫作"松屋"的荞麦面店，这里有一道"酒揉荞麦"的特别菜肴，可以让客人们品尝到古时候切荞麦的风情。

"松屋"的名气没有附近连雀町的"薮"那样大，虽然这里只是家简单朴实的小店，但我认为这里是"老饕"心目中的名店。从前，我每次去都会点现打的"酒揉荞麦"，但最近似乎因为人手不够的关系，要是没有事前预约就很难吃到了。

不过老板是个很和善的人，前几天我难得跟妻子一起出门到"松屋"吃面，我有点迟疑地询问着老板："不好意思，请问有'酒揉荞麦'吗？"

"嗯，好啊！我现在刚好有空。"老板很爽快地马上就帮我做了两份。

当然，不只"酒揉荞麦"，这家店其他的荞麦面也都是难得的美味。

到了元禄时代，荞麦面的料理方法也花哨精致了起来。

我在以大石内藏助为主角的小说《吾之跫音》中，就让刚到东京的内藏助吃了荞麦面。故事中，内藏助和老友服部小平次两人一起在日本桥北诘的河岸边一家远近驰名的荞麦面店"日野传"吃面的情景，请容我在这里短短节录一段。

"大石内藏助想起他当初刚成为将军重臣时，在江户吃荞麦面的景象。当时吃到的荞麦面又粗又黑，必须先用筷子剪断之后才送进嘴里……但现在江户市里的荞麦面的料理法已经变得精致许多了，连'清蒸切荞麦'这种花哨的东西都有。做法听说是先把荞麦面用热水烫过之后，放进蒸笼里蒸熟，最后蘸上有柚子清香的酱汁一起吃……内藏助边想着'在冬天吃这个可真对味啊！'边豪气地吃起面来。"

◎

已故的恩师长谷川伸常跟我说："这世上最了解我和七保（师母）的人应该就属佐藤君吧。"

佐藤要先生是长谷川老师在诗歌写作上的挚友，一直跟长谷川老师一家很要好。长谷川老师的诗歌风格承袭天保年间的庶民诗歌，它是由都都逸坊扇歌所始创，后来从江户传到日本全国各地。庶民诗歌又称为"大众歌"或"街歌"。《首都新闻》中提供了一个专栏让这种诗歌的爱好者自由投稿，由长谷川老师和平山芦江、伊藤美春这两位前辈担任评选的工作。

我的舅舅金井敏郎一开始也是这个专栏的投稿者之一，因为文笔得到高度肯定，后来还成为杂志《街歌》的总编。佐藤先生和舅舅在这方面得以崭露头角其实多多少少都是因为受到长谷川老师的提拔。此外，长谷川老师刚从编剧转行写小说时，有一阵子从东京搬到京都去定居，当时他住的地方在五条坂附近，屋边的小径现在也还完好。

佐藤要夫妇俩都是京都出身，当时也住在京都，长谷川老师常感慨地说："当时啊，真的给他们添了不少麻烦呢。"

当时的长谷川老师离开从事多年的新闻记者岗位，开始写起小说，虽然从他写小说到文笔被肯定正式出道的时间并没有很长，但当时在京都的生活对长谷川老师而言，却有着"卧薪尝胆"的苦涩。

佐藤要先生对那时候的长谷川老师的印象是："阿正，我跟你说啊，当时长谷川老师的生活很是规律呢。老师早上吃完早餐会先跟师母领十钱后出门，他会在京都的巷道中闲逛着，仔仔细细地观察着这个城市的每一个角落。逛累了之后就会到百货店的美食街里，拿五钱来喝咖啡或吃荞麦面，剩下的五钱就拿去钱汤泡澡，然后一身清爽地回到家里开始工作，每天都这样喔。"

听说，佐藤要先生当时就住在长谷川老师家附近。

佐藤先生也算是我金井舅舅在诗歌界的前辈，因此有一阵子佐藤先生也常走访我们家，还记得他每次来都会给年幼的我五十钱当作零用钱呢。而母亲也跟他相当熟识。

去年秋天，我和佐藤先生一起去长谷川师母的坟前祭拜，回程时佐藤先生先绕到我们家休息片刻，当时时隔四十年之后和母亲再会，两人都不禁怀念与感叹。

那之后没多久，也就是在今年的一月二日，佐藤先生竟溘然长逝了。

我赶到佐藤先生在人形町的家，在佐藤夫人的带领下捻完香，稍微谈一下就先行告辞，屋外是冻人的冷冽寒意。

"这时候，应该要吃点荞麦面才是……"

我这样想着，信步来到附近滨町的"薮"，用鸭南蛮（葱鸭）荞麦面配酒喝了一巡，在这样的冬夜里，荞麦面和醇酒会让人从胃开始暖和起来。我突然想起，荞麦面也是佐藤先生最爱的食物之一。

◎

长谷川老师有一首诗这样写道：

> 钢笔从指尖滑落
>
> 敲击出清脆声响
>
> 回荡在午夜两点

这是长谷川老师的创作新风格，是与被称为"四坪半乐趣"的都都逸风格截然不同的新诗作。我也有在午夜两点因为肚子饿而丢下手中的笔到楼下厨房觅食的经历。当时不知怎地，极度地想要吃荞麦面，半夜到早晨是我的工作时间，母亲和妻子当然是睡梦正酣。最近，麻布永坂的"更科"卖的干荞麦面和罐装的酱汁非常方便，只要把干荞麦面放进热水中，煮开后加两次水，看看差不多就可以捞起，然后用冰水冲过即可，连我都可以自己来。

虽然说没有在店里吃时来得美味，但因为是自己来，所以可以依照自己的喜好控制面的软硬，还挺有趣的。而酱汁是现成的，也可以随自己当时的心情加上生姜泥或加上萝卜泥变成信州风，也可以加蛋黄一起吃。在这样多样的吃法中，我通常连葱花都没加，就只是加点辣椒粉而已就很美味了。

妻子也很爱吃荞麦面，但我们家母亲明明在东京土生土

长，却对荞麦面兴趣缺缺。年过七十的母亲喜欢的东西是寿司，不然就是很多脂肪的牛肉、鳗鱼、天妇罗这些食物。

荞麦面跟寿司一样，一定要保持最高的新鲜度才会美味。而判定一家店里的荞麦面新鲜不新鲜，其实不只味道要好，连店里的气氛都必须要让人有怡然自得的享受。

木曾福岛的"车屋"荞麦面就是一个很好的例子。这家店也是名店，位于木曾川的桥畔边，中午的时候总是高朋满座、熙熙攘攘的。我在十五年前的深冬里，曾坐在他们的店里吃着热腾腾的荞麦面，面上铺有木曾的名产腌蕨菜，当时口中的美味真的让我永生难忘。

去年九月，我时隔多年再次走在木曾路上，也顺便走到"车屋"吃了用木曾山山泉水冲过的冰镇荞麦面，果然跟记忆中一样美好。

信州上田的"薮"也是。另外稍微偏远一点的"刀屋"的手打荞麦也是一绝。"刀屋"的手打荞麦的粗细和软硬的力道都控制得非常完美，真令人激赏。

最后，请容我介绍一下从信州友人那边听到的特殊荞麦面吃法——"荞麦煎饼"。

首先，将荞麦粉用水溶解后倒入平底锅中煎成略薄的荞麦面饼，大小可依照各人喜好决定。然后，将生姜和大蒜磨成泥后加上适量味噌拌匀，涂在煎好的煎饼上，最后，撒上葱花之后对折趁热吃。唔，尝起来味道还不错。

酒

先父富治郎酒量过人，母亲说，在我出生那天，父亲一口气就喝掉两升的酒。父亲喝醉酒后相当安静，通常都是倒头就睡；要是心情比较抑郁的话，喝完酒后马上就会抱着棉被呼呼大睡，有时更可以连续睡个三四天不醒来。没有人知道他到底是什么时候起来上厕所、什么时候起来吃饭……母亲都是隔天早上起来看到饭盆是空的才知道："喔，原来晚上起来吃过饭了。"

听说，我出生那天早上大雪纷飞，前一晚喝得酩酊大醉的父亲当时正在二楼房间的被窝里呼呼大睡时，我就出生了。接生婆赶忙跑去通知父亲我出生的消息，父亲竟然只说了一句："好冷，我晚一点再看吧。"翻过身又沉沉睡去。

母亲说："总之，你父亲是个十足的怪人。"

不过我也遗传到父亲的好酒量。我记得当我四五岁时，一个人偷偷地把厨房里一升的日本酒一口气喝得精光，喝完后全身如火烧般地难受。那一天外头也下着雪，父亲知道之后，把我抱到门外放在厚厚的积雪上翻来滚去；我全身沾满雪花，父亲口中喃喃地说："这样一来，酒很快就会醒了。"

虽然我不像父亲一样嗜酒，但却也不可一日无酒。写小说的时候，酒是我最大的安慰与乐趣，我总有种自己的健康是由酒精在支撑的感觉。在家里的晚间小酌通常只喝日本酒两杯，威士忌的话则是三四杯左右。喝完酒、吃过饭后，我会躺在床上看电视上的新闻直到睡着，陷入熟睡后约一个小时后醒来，感觉通体舒畅，而我认为这些都是酒的功劳。

有时我也会请按摩师来家里帮我按摩，通常也是请他在我小睡片刻醒来的时候过来。在信州的小镇上，有一个经验丰富的老按摩师跟我说过："喝完酒后的一个小时身体最为放松，是最适合按摩的时候。"

我的工作时间通常是深夜到第二天清晨这段时间，我认为再也没有比完成当天工作，准备上床前的那杯威士忌更美好的事物了。

在我脑尽肠结、苦思不已时，其实是滴酒不沾的。

一年中大概有几次，在我文思泉涌时，喜欢听着本尼·古德曼（Benny Goodman）的爵士乐，一边畅快地喝着威士忌，一边如行云流水般地写作，此时写出来的作品通常连自己都觉得很满意。

◎

在我晚间小酌会出现的酒不一，妻子会配合当天晚餐的菜色，帮我准备好日本酒、威士忌、葡萄酒或是啤酒跟菜肴一起端上。虽说我在家里没喝过难喝的日本酒，但有时候在外面一些号称东京名店的店里，会不小心喝到一些有古怪药味的日本酒。

前几天，我和三名好友在某家名店里喝了些酒，回家后却觉得头晕目眩，还恶心想吐。到了半夜更是头痛剧烈，最后头实在太痛只好放弃工作睡觉去。睡前还觉得有点沮丧："应该只有我这样吧！才五杯而已就这副德行，唉，没想到我的酒量变这么差。"

第二天，前一天晚上一起喝酒的友人 A 打电话来，问道：

"你昨天晚上有没有怎样？"

"什么怎样？"

"没有觉得怪怪的吗？"

"例如？"

"恶心想吐，或是头痛之类的？"

"咦？你也是吗？"

"果然你也是！"

"是的。"

"我也是。"

于是，我们也打了电话给 B 和 C，结果两个人也说，从昨天晚上到今天早上都很不舒服，快被折腾死了。

虽然我对日本酒没有什么研究，但最近这种有古怪药味的劣酒在市面上是愈来愈多了。虽然大家都说"二战"后市面上的酒都变甜了，但我想这并不是甜润或辛辣的问题，问题在于人们都不知道自己喝下的到底是什么东西。

我上面写的经验是因为情况实在太严重，所以写下来；但事实上，以前我就体认到，喝过有药味的劣酒除了和喝过真正的好酒后的微醺感全然不同之外，酒醒后身体的反应也有如天壤之别。有时即使是同一个牌子，味道也会完全不同。

这是只有我和我的朋友才会有的感受吗？还是……

我很喜欢我在信州上田的老友益子辉之强力推荐，并特地寄过来给我品尝的信州户仓产地方酒"月之井"，最近只要有机会到信州旅行都会买回来喝。

其实不只是"月之井"，各个地方产的"地方酒"都会让我喝起来很有安心感。在现在这个炎凉的世态中，不要说是酒，包装饮料里也会有人在里面掺毒，甚至有婴儿奶粉让婴儿致命的事件，实在大意不得。

这年头的日本酒也是大量生产、大量制造的商品之一，在制作过程中应该加了不少"东西"吧。所以我现在只要尝起来有一点药味，就会放弃不喝了。像我们这种对酒没研究的人也只能采取这种方法以求自保。

话说回来，我养的暹罗猫也很爱喝清酒。夜深人静时，它会缓缓地走进书房，坐在正在写稿的我的双膝上，然后对着我不断地发出低哑的咕哝声，这是它想喝酒的暗示。而它现在也正在我的膝上咕哝着。

　　我的书房里总有备酒，好让我想喝的时候可以方便取用，我倒了些清酒在碟子里，静静地凝视着它舔着美酒的满足姿态。

食桌情景

芋头火锅

前一阵子，我和三好彻和吉村昭两位先生一起到东北进行了五天四夜的演讲旅行。第一天是在山形县的新庄市，第二天则到秋田县的大曲市，行程很是紧凑。

我们这段演讲旅行的住宿被安排在离市中心有段距离的田野地带，旅馆里有矿物质温泉，是所谓"娱乐休养中心"的一部分。这里每个房间都散发着木头的清香，打开窗户也可以看到一大片田园绿意，感觉相当不错。

虽说负责举办这个演讲旅行的是东京的出版社，但当地的赞助团体却各个不一。在大曲市是由大曲市教育委员会和市立图书馆所赞助，带我们到这个住宿地点的人们亲切地照顾我们的各项生活起居事宜。

当我待在被分配到的房间中，一个人静静地喝着茶时，一位体态丰腴的女侍走了进来，将隔壁寝室的门锁上后离去。当时，我完全没料到隔壁竟然会是间寝室，有点惊讶；过了一会儿后我穿过走廊走到三好彻先生的房间一看，三好先生正从寝室里从容走出来。

"咦？里面是寝室吗？"

"是啊，但刚刚女侍把门锁上就走了，我现在才要求她把门打开的。唉，也不能怪女侍啦，听说是教育委员会的那些老人家们特别交代她们说：'等他们一到就马上把寝室门锁上。'"

"哈哈哈……"

我往寝室里探进头去，里头摆了铺有粉红色床单的双人床，看起来挺不错的。

"你说说看这是什么意思啊？我们两个看起来有这样好色吗？他们该不会认为我们一到这里就会迫不及待地拉个女人进来吧？"三好先生有点无奈地说。

"真不愧是教育委员会啊！"

"哈哈哈……"

两人苦笑着，气氛也缓和了下来。旅行最让人流连忘返的部分就是这些有趣的小插曲。

"说不定是因为不想让我们在光天化日之下看到这样梦幻的双人床，他们可能会觉得很失礼吧。"

三好先生不愧是推理小说家，已经开始有了其他不同的

想法。

"嗯，就先当作是这样吧！"

我也把女侍叫了过来，请她把我寝室里的锁给打开。这时，电话响了起来，三好先生接起，听了一会儿后回道："我没有要打电话到哪里啊！"然后挂上电话。我也回到我的房间，洗完澡后走出来，换我房间的电话响了起来。

"喂……"

我接起电话，却发现电话另一头相当嘈杂，可以听到各式各样的人声，还可以听到有人生气怒吼的声音，而在这些声音中还夹杂着柜台老人的道歉声。

"喂，请问怎么了吗？"

一听到我这样说，柜台的老人马上问道：

"不好意思，请问是百合间吗？"

"不是，这里是富士间。"

"对不起，打扰了。"电话就这样被挂断了。

过了一会儿之后，电话再度响起，柜台老人说是"从东京打来的电话"，我问道："不好意思，可以帮我转接过来吗？"

"对不起，无法转接。"老人回答道。

"为什么？你现在不也打进来了？"

"是这样说没错，但从外面打进来的无法转接。"老人的声音听起来像快要哭出来似的。

于是，我赶紧跑到楼下的柜台去接电话，走到楼下看到吉村昭先生也正大步地跑过来，他也是听说有"从东京打来的电话"才过来的。

"这到底是怎么一回事？"

"真的很不好意思……"

个儿娇小的老人浑身是汗地和新的电话转接器搏斗着，不过却因此不小心把"从东京打来的电话"给挂掉了。看样子，似乎是只要有从外面打来的电话，老人就会胡乱地转接到各个房间。

之后从那个丰腴的女侍口中听说，老人已经在柜台和那个电话转接器搏斗了半年，但却还是没办法顺利完成电话的转接。

"真伤脑筋啊！"

"是啊，呵呵呵……"

女侍也无奈地笑着，这个女侍体贴又细心地照顾我们的生活起居，我在临走前给了她一些小费当作谢礼。

我问女侍："晚餐是跟一般旅馆一样，会有生鱼片或鸡肉串烧是吗？"

"是的。"

这里我又加了一句："这个季节，应该每个家里都在吃芋头火锅吧？"

"是的。"

"那，晚餐用大锅帮我们煮一锅芋头火锅吧，其他的东

西都不用了。"

"好的。"真是个爽快的女侍。

等我们演讲完后回到住宿的地方已经是十点左右，晚餐也帮我们准备好了。虽然也有准备其他的料理，但最好吃的还是在大陶锅里不断冒着热气的芋头火锅，里面满满的是鲜嫩的鸡肉、芋头、大葱、豆腐、芹菜等道地的食材，我们每个人都吃了三大碗才停筷。

之所以可以得到这样的享受，也真多亏了有对民俗很有研究的吉村昭先生的提点，因为吉村先生在头一天的路上跟我说了芋头火锅的事，让我忍不住想要一尝究竟。

"啊，真好吃啊！真是个好地方！"

"果然还是要吃当地的东西才是最棒的享受啊！"

我们沉醉在地方酒和美味的芋头火锅中，我在酒足饭饱后惬意地倒在那滑溜溜的粉红大床上呼呼大睡了起来。

隔天早上八点，电话又响了起来。

"又来了……"虽然心里这样咕哝着，但不接也不是办法，我接起电话，却意外地听到三好先生的怒吼声："臭老头！这里是鸟海间不是百合间啦！你不要乱转，给我看好要转到哪间后再把线路插进去！"

不过三好先生会生气也不是没有道理，因为他整个晚上都在工作，到清晨才就寝。

早餐时，换了个体态纤瘦的女侍招呼我们。

"昨天那个胖胖的女侍怎么了？"

"喔，她其实是我们老板的女儿，现在回家休息去了。"

到了我们出发的时间，在柜台前的老人仍死命地瞪着眼前的电话转接器。我们投给那位老人一个同情与关爱的眼神，说实话，这个老人其实是个相当和善亲切的人。

"这个地方真不错！"

"芋头火锅真好吃。"

"唉，我没睡饱。"

从奈良到柳生

　　我为了帮 H 新闻社做访问取材，拜访了一位住在奈良县樱井的铸剑师父，等回到"奈良饭店"时，入夜的寒气突然冷冽了起来。

　　我简单淋浴后跟担任摄影师的渡部雄吉先生一起走进昏暗的奈良市街中。我们今晚的目标是"江户三"的若草锅。我来过奈良无数次，每次都投宿在"奈良饭店"，三餐也几乎都在饭店里解决。

　　此时，突然想说"今天去外面吃吧"，于是就选定了"江户三"当我们的目的地。"江户三"是家旅馆也是家料理店，我从以前就久仰大名了。

　　第一代的老板从大阪的江户堀三丁目搬到奈良后开了这家"江户三"，这家店位于奈良公园，店面隐没在林荫之处，我们先穿过一片树林才终于找到"江户三"。说也奇怪，我们两人都已经来过奈良无数次，尤其渡部先生更有着长年当摄影师所训练出来的敏锐度，但两人却还是很惊讶地面面相觑："咦？奈良什么时候有这样一个地方的？"

从奈良公园的树林望过去，可以看到有几栋独立的小楼在林荫处闪烁着灯光。

"以前因为规矩没这么严格，所以才会有在公园里开店这种事吧！现在的话是不可能的。"I君曾经这样说过。

我们走进其中一栋独立的小楼，点了些酒后，将四周的和室纸门全部打开，虽然略感寒意，但我们实在很想好好享受这样的秋夜，在醇酒美食的陪伴下欣赏奈良公园的寂静之美。奈良出身的女侍很开朗地招呼我们，语带骄傲地说道："我们店里的若草锅历史悠久，行之有年了喔，跟外面那些为了要吸引客人而发明的新种火锅可不一样。"

若草锅那斗大的陶锅里，有鲷鱼、鳢鱼、文蛤、鸡肉、白菜、冬粉、豆皮，还有还在活蹦乱跳的伊势龙虾等其他种类丰富的海鲜，煮好了以后蘸上"枫叶泥"一起食用。

秋天的凉意从打开的纸门处阵阵袭来，让火锅尝起来更是加倍的温暖。公园里，传来此起彼落的鹿鸣声，这个时节，刚好是奈良鹿们求爱的季节。

突然，从纸门另一头，一只看来精壮有力的雄鹿从围篱边探过身来。

"耶？"

渡部雄吉先生吓了一跳，手上的筷子滑落，呻吟似的惊叹道："真、真厉害啊……"

雄鹿双目炯炯有神，静静地观察着小楼中的我们，我对渡部先生的话也深有同感。

就算不是在发情期的雄鹿，有时候在奈良公园中，经过躺在草地上或树荫下、笼罩在暮春阳光下的雄鹿时，也会对它们那些近似打量的眼光感到很不自在。

我不太喜欢鹿的眼神，尤其是雄鹿的眼神。

过了一会儿，雄鹿悄悄地离开我们的视线，消失在暗夜中。

我们恢复平静，继续享用火锅。

◎

第二天早上也是个万里无云的好天气。

我在饭店的餐厅中看着菜单，提醒自己不要吃太多，因为午餐已经决定好要吃伊贺上野市"金谷"里分量十足的牛肉锅。

"请给我煎培根、葡萄柚和土司，这样就好了。培根请帮我煎一下就好，不要煎到焦，就生煎一下就好了。"渡部摄影师很坚持地跟服务生确认着，我也学渡部先生点了跟他一样的早餐，但把土司改成松饼。这里的松饼大小适中，分量刚刚好。

我早餐很喜欢这种把生煎培根夹进松饼里，然后淋上果糖的吃法。吃过早餐后，H新闻社的人和渡部先生就先行离开饭店了。我则是先回到房间整理行李后，走到大厅等待从京都赶过来的风间完画家和编辑部的S记者。"奈良饭店"这个面向庭院的大厅感觉真的很不错。一眼望去，可以清清楚楚地看到远处以蓝天为背景的若草山，山顶的树木笼罩在一层薄薄的雾气中，渐渐苏醒，因为太阳的加温效果，周围也渐渐温暖起来。这个季节的奈良，早晚的凉意可是相当逼人。

　　"不好意思，让您久等了。"

　　S记者充满朝气地打着招呼，他身后的风间先生则只举起手"唔"了一声就算打过招呼。风间先生是个不会把喜怒哀乐写在脸上的人，但这并不表示他是个冷淡的人，一起旅行时就会知道，他其实是个相当有趣的人。

　　有一次我们在月台上等着列车进站，突然，风间先生把从车站小店里买来的人丹丸递过来给我，说道："池波先生也等车等到很无聊吧！嚼嚼人丹丸纾解一下吧！"这就是风间画家有趣的地方。

　　离开饭店后，我们坐上车，开始讨论接下来的行程，S记者建议道：

　　"我们要从哪边去伊贺上野呢？从笠置、柳生那边过去怎么样？"

　　"好啊！"风间先生回应道。为了不要错过照下沿途的

风景，风间先生总是坚持要坐在副驾驶座上。风间先生的画室里积满了他在旅途中所拍下的无数照片和资料，这些都可以让他的创作工作更显充实。

从柳生到伊贺上野

这是我第三次来到柳生，柳生的乡里已回归过去娴静的模样，树上的柿子红透诱人。

第一次来柳生是因为我接受了《周刊朝日》的委托，负责在他们"日本剑客传"中写一篇关于上泉伊势守的报道。为了了解跟伊势守关系最为密切的柳生家的背景，我踏上了这块土地。

上一次来柳生是在三年多前，我受托于某电视台，负责帮他们构想"柳生里纪行"的内容架构，当时我、摄影师和导演三人从奈良穿过山路"柳生古道"，到达柳生。那时柳生家的菩提所"芳德禅寺"里的桥本定芳师父也还健在，让我们听到了很多有趣的"秘辛"。

听说定芳师父原来也是个画家，在昭和初期，因为一时

兴起就住进了柳生这个已然荒废的芳德寺担任住持，然后开始积极负责整个寺庙的营运，包括寺庙的维持、新建筑物的扩建和供人膳宿的"成美学寮"的经营，最后还在古时柳生家道场的正木坂上开了个创禅道场。

有了这些有趣的话题，再加上电视上播出的关于柳生一族的连续剧也大受欢迎，一时之间，到柳生的观光客大增，这里的街道顿时熙攘了起来。如今，一切都暂归平静，柳生恢复其沉稳的面貌，只能从几家新开的茶店和料理店一窥当时的热闹景象。回想当初我第一次来柳生的时候，这里可是连一家料理店或餐厅都没有。

依这里出租车司机的说法，当时的人潮让"平常二十分钟就能到的地方，周末要花两个小时才能到"，可知当时观光客云集的程度。

芳德寺的墓园里有石舟斋、十兵卫、但马守和飞驿守等众多人物长眠于此，但此时了无人踪，秋天的阳光依然温暖。在那些观光客如云的日子里，柳生和芳德寺应该收获颇丰吧。

芳德寺附属的"成美学寮"现在已经改建成雄伟的现代高级建筑，芳德寺不仅善用了当初的获利，而且寺院在这阵观光热潮退去之后也不见一丝荒废，真的是一件很难得的事。对此，我感到既开心又欣慰。

◎

　　我们从柳生再次回到笠置，到达伊贺的上野市时已经过中午了。

　　"没问题，已经吃得下了。"

　　"那走吧！"

　　我们三人驱车前往"金谷"。上野市里有个人称"天神"的菅原神社，以牛肉寿喜锅闻名的"金谷"就在这个神社附近。

　　这一带从前被称为农人町，在旧藩时代是农民的土地，明治时代之后才渐渐演变成街道，也因此，这里的街景很有历史余韵。"金谷"的楼下只是间普通的肉店，玻璃橱窗中排列着色泽迷人的牛肉，我们边看边吞口水，口中说着：

　　"这个真是好啊！"

　　听说"金谷"的第一代老板就是把伊贺牛推广到日本全国的最大功臣。但这家店外观简单质朴、毫不做作。我们走到虽然有点老旧，但气氛却十分沉稳的二楼座位，面对着马路那边的部分与黑色屋顶相连，隔断了外头车水马龙的声音。不久后，牛肉就端上桌来了。

　　红色的牛肉上有着淡淡的、云彩般的雪痕，和松阪牛的鲜红色调截然不同。若说松阪牛是在细心呵护下所培育的纯洁处子的话，伊贺牛就是有着丰腴风韵的成熟女性了吧。

　　首先，我们将富含脂肪的牛肉和奶油放在铁板上烤，来个"奶油风烤牛肉"。

"喔……这个……真好吃……"一向以口味挑剔出名的风间画家在牛肉入口后也忍不住这样赞叹着。

之后我们又加上分量十足的松茸、大葱和高丽菜一起烤，三个人有如秋风扫落叶般不一会儿就把眼前的食物清光。当然，若是只有这样的话就显得有点单薄了。

烤肉之后，当然要来点"寿喜烧"才算完整，不过……"金谷"的一人份其实是东京有名的"寿喜烧店"里的两人份，价格却是东京的一半，就算不到一半，也便宜了差不多五分之二之多。

接下来，则是众所期盼的"寿喜烧"登场，这里是关西风，只用酱油和砂糖调味，女侍在一旁帮我们服务。

"各位请，现在是最好吃的时候了。"

这位有如伊贺牛风韵的中年女侍殷勤地招呼着我们。

"你是萨摩人对吧？"我这样问着女侍。

"耶？您怎么会知道？"女侍吓了一跳。

我在写《杀手半次郎》这部长篇小说时，为了要调查主人公桐野利秋的生平而数次往返鹿儿岛，当时我就对萨摩美人留下相当深的印象，也因此我一看到这位女侍就知道她是萨摩人了。

吃到最后，我们把已经烤得略焦的牛肉和蔬菜也夹到碗里配着白饭，一口不留地全数吞下肚，连风间完先生都难得地发出满足的喟叹声："真是太棒了！好吃，真好吃啊！"

于是,我们也随兴地写出了"完画家金谷肉乐不思蜀"这种谜样的俳句。

事实上,总是扑克脸的风间完画家会这样开心的时候并不多见,一年中顶多只有一两次罢了。

其实,这里的调味或料理并没有什么过人之处,但因为伊贺牛本身的鲜美,让所有的食材都活了起来,美味无比。再加上这家店那种难以言传的悠闲气氛,让食物的美味也更上层楼。

伊贺上野

伊贺地方是古代"日本三大复仇"中，荒木又右卫门、渡边数马向伊贺越复仇故事的背景舞台。这个事件是从备前冈山的池田忠雄的部下河合又五郎杀害同门渡边源太夫而拉开序幕的。当时，又五郎逃往江户，寻求旗本的安藤治右卫门的庇护，却因此让争端扩大。

那时漫长的战国时代才刚结束，德川幕府统治天下的基础也尚未稳固，各地大名和德川家康的直属家臣旗本一家彼此的对抗意识也还相当强烈，纷争更是络绎不绝。

大名的家臣被杀，而旗本家却藏匿这个凶手，这样一来，事情就不是河合和渡边间的冲突这样简单，而是演变成大名和旗本家之间的严重对立了。此时，对大和郡山的松平家效忠的荒木又右卫门出手救了妻子美音的弟弟，同时也是被杀的源太夫的哥哥渡边数马后，决意要去讨伐河合又五郎，以讨回公道。

简而言之，荒木、渡边算是代表大名这边的武士，河合方则是旗本的代表武士。宽永十一年十一月七日，河合又五郎一行二十余人集结之后，从奈良前往江户，荒木、渡边这边则派了四人在伊贺上野埋伏，双方在此掀开一场血战。这场复仇因为跟当时的政治有很深的纠葛，再加上当时武士们的血液里也都还留着战国时代的武将风骨，因此在历史上也是件震撼人心的大事件。我仔细调查了一下，发现整个故事相当耐人寻味。

大约十年前，某个杂志社策划了一个"剑客小说特辑"，我当时负责的就是柳生流剑客荒木又右卫门的故事，而其实我的恩师长谷川老师也有本通史小说就叫《荒木又右卫门》。

不过我除了恩师的小说外也参考了许多其他的资料，发现几个疑点。虽然只是五十多页的短篇小说，但我还是抱着增长见闻的心态，千里迢迢地到伊贺上野做实地考察，决定要仔细用心地完成那篇小说。然而，我心中还是多有疑惑，因此前往恩师的家里请益。长谷川老师诚恳地对我说："不管花几天的时间我都奉陪，直到你没有问题为止。"

从那之后我每天都在长谷川老师家待至少三小时以上，连续去了四天。我的问题不只是局限在荒木又右卫门上，其他关于当时武士社会的一些经济、政治情势和风俗民情也在我疑问的范畴中，当时的我抱着求知若渴的心情问了无数的问题。

不过依照我的浅薄程度，为了第二天也有问题可以问，其实每天回到家后都拼命地念书找资料。现在回头去读我当初写的《荒木又右卫门》，虽然还是有许多不尽完美的地方，但一想起当时恩师的谆谆教诲，仍让我不由得泪沾满襟。

当时恩师的方法就是只要门下学生有问题，就会尽力解惑，但一方面也会尊重学生的个人特质，我想这就是所谓"因材施教"的精髓吧！

◎

十年前，我站在键屋岔口时，脑海中清楚地浮现了当荒木、渡边在上野城下的键屋岔口埋伏等着袭击河合一行人时，河合又五郎一行人正骑着马渡过横跨西边长田川的长田桥而来的情景。但现在，键屋岔口已失却了当日的风情，也让我无法再缅怀过去了。现在，只有又右卫门和数马所藏身的茶房"键屋"还伫立在"左往伊势，右往奈良"石标前，隐隐地散发着怀古的气息。

当时，荒木又右卫门从这家茶屋的阴暗角落中一跃而出，冲向仇敌河合又五郎伯父合甚左卫门的坐骑，报上自己的名号后，大刀即往甚左卫门脚边砍去，甚左卫门从坐骑上颠簸倒地后死在又右卫门刀下。之后，又五郎和数马之间一对一的激烈决斗更是延续了三个小时（也有一说是六个小时）。

茶房"键屋"旁的小路

食桌情景

来到这里，风间画家依照惯例拼命拍着键屋岔口，我也有样学样地拍了起来，并对着风间画家说道："不知怎地，看到你的画之后，又开始想写又右卫门的故事了。"风间画家这样回答："很好啊！多照一点，这样我就不用特地到这里来写生了。"

◎

我们离开伊贺上野的时候是下午三点过后，天气依然晴朗无云。

我在车上打着瞌睡，回过神来时已经是黄昏时分，我们已经进到了桑名的街上。虽然肚子里还留有上野"金谷"鲜美牛肉的饱足感，但晚餐的桑名烤文蛤已经在等候我们的光临了。

伊势桑名的"船津屋"从江户时代就开业了，是家历史悠久的古老旅馆，泉镜花的《歌行灯》里有一段：

"……在这个土地上，只有凑屋这一间旅馆。古老的建筑物内有着大名风情的雅座，栏杆外则是无边的大海和揖斐川的出海口，鲈鱼不时跃出水面，鳜鱼也在水面上翻飞着。多么饶有风情的旅馆啊！偶尔，海獭也会从岩壁上的石垣上攀爬过来，恶作剧般地将走廊和厕所边的灯火捻熄……"

这里头出现的"凑屋"就是"船津屋"，至今仍忠实地保有当初镜花所感受到的所有原貌。

"船津屋"的围墙外还留有久保田万太郎所写下的诗

碑 "獭偷烛火夜旱明"，这样的船津屋不但凝结了近代和风建筑的精髓，通往各个房间的走廊边更是铺满了透明玻璃，让视野可以向外延伸到揖斐川的出海口上，透过玻璃，我们清楚地看到夕阳在海面上轻轻荡漾。

势州 · 桑名

我第一次投宿在"船津屋"是在昭和二十九年的秋天，是距今二十年的古老往事了。当时，我正在帮新国剧写我第三本以相扑选手为主角的舞台剧剧本，同时也是我第一次担任舞台剧制作人的工作。刚好那时新国剧正在名古屋的御园座公演，我随即加入他们杀青后新戏的排演阵容。当年，我才刚过三十。

我当时接下舞台剧制作人的工作，主要是因为看到别的制作人似乎很难捕捉到我剧本中想表达的意境，于是就决定自己跳下去当制作人了。

主角由岛田正吾担任，当时岛田先生还是个体型壮硕的少壮派，当然辰巳柳太郎也在该戏中登场。这两个人在我小时候就已经是鼎鼎有名的大明星了，虽说我是制作人，但还是有些担心像我这样的年轻制作人是不是可以让两位大前辈按照我的意思演出……但是当时我很努力地要让别人"听我的"。

听说当时两位前辈心里也正想着:"要是对我们的演出有帮助的话,倒是可以听听。"

总之,我紧张得坐立不安。终于,到了排演的前一天,我从名古屋飞车赶到桑名,想利用观光来调适一下紧张的心情。

当时的桑名还没有遭遇到伊势湾台风的侵袭,揖斐川对面的"船津屋"附近也没有河堤之类的遮蔽物,新馆也尚未扩建,让人可以完全沉醉在《东海道五十三次》中所刻画的桑名情怀中。

我在"船津屋"住了一天,第二天则边修改着剧本,边写下在舞台上要注意的地方。就这样过了一天,然后决定吃过饭后就回到名古屋继续参与排演,原本紧张的紧绷心情已经大有纾解,整个人也显得自信许多,最后还特地拜托面色白皙的女侍帮我张罗一份"厚片牛排"。

在桑名,有家叫"柿安"的伊势牛专卖店非常有名,我特地请女侍帮我叫了这家牛排的外卖,帮我送到"船津屋"来。凡事第一次最重要,所以我决定要吃饱一点以储备活力来面对接下来紧锣密鼓的排演。回到排演场后,一切都显得相当顺利,和岛田、辰巳两位前辈的相处也很和谐。更幸运的是,这出戏的东京初演也相当成功，着实让我松了一大口气。

当时岛田先生写给我的信我到现在还留着，信中写着："总之，这次就先听你的。"想想要是那次公演失败的话，我大概从此在岛田先生面前都会抬不起头了吧！

之后我又到了"船津屋"住过两次，上一次是在两年前，中间也是时隔多年。"船津屋"里有阿秋和百合两位较为年长但默契十足的女侍，算是这里的驻店代表，两个人的感觉很像是新派舞台剧里会出现的女侍角色，实在过于有趣，不是我浅薄的笔墨所能道尽，只好就此歇笔。

◎

这次，我们在"船津屋"的晚餐菜单如下：

前菜：熏鲑鱼、花枝海胆

生鱼片：鲔鱼名产烤文蛤（女侍特地把道具搬到我们的座位旁，现场帮我们烤）

煮物：芋头、鸡肉、糖炒栗子

烧烤：鲣鱼腌酒粕，再加上盐烤鳝鱼

清汤：鱼饭和大葱

最后则是时雨文蛤茶泡饭。

听说"船津屋"所使用的文蛤在桑名都还可以捞到。现在的"船津屋"是由名古屋鼎鼎有名的怀石料理店"河文"负责经营，因此这里的料理也相当地用心。

但我之所以喜欢"船津屋"，是因为它的外貌虽然已有所改变，但这里依旧是旧东海道中相当有名的住宿点，更是因为在这里，我可以切身地感受到桑名曾是十万石城下町的气息。

从尾张之宫（热田）到海上七里，桑名的停泊港曾是伊势湾的主要港口，当时所建造的伊势神宫的一之鸟居到现在也还保存着，虽然因为海岸的防潮工程让景色有些变化，但在桑名城护城河一带的风景也仍如旧，让我这个历史小说家可以在其中找到一些可供缅怀的材料。

隔天早上，依旧是个晴朗的好天气。

"船津屋"和护城河附近都一片寂静，只有秋阳温和地照耀着这一幅美景。

"真是个悠闲的地方啊……"风间画家这样低喃着。

早上我吃了桑名有名的"花乃舍"的三个"薯蓣馒头"，馒头的外皮是由伊势米和山药擀成，里面包的红豆馅甜而不腻；馒头的形状饱满浑圆，充满古意，口感更是温润美味。

"船津屋"的早餐一定会有"文蛤豆腐汤"，虽然不是像古时候一样是在附有炉子的暖炉桌上吃，但只要这个一上桌，就会让人有种想来点小酒的冲动。

S记者问道："那我们今天晚上要住在哪里呢？"

"交给你决定吧。"

"那，去长岛温泉的休闲中心怎么样？"

"好啊！"

"千松原也不错。"

"也可以。"

我们在这样的闲谈中，决定了晚餐要到以鲤鱼料理闻名的"大黑屋"好好享受。

多度鲤鱼料理

伊势多度神社位于从揖斐川溯川而上至桑名北方约三里的地方。主殿供奉天津彦根命，听说他是天照大神的儿子，因为这层关系，这里和伊势神宫关系密切，自古即以北伊势大神宫的地位受到世间的尊崇。虽然在东京这件事情并非那么的广为人知，但从关西到东海一带，这个神社的名声可显赫着呢。

在背对着多度山的神社山域中满是杉树与枫树，主殿的另一头有一条注入八壶溪的瀑布，信徒们常在这个瀑布下举行"净身"仪式。

因为有神社这些典故传承，神社前的门前町也感染了这样的风格，连茶店卖的名产"八壶豆"的外包装袋都古风俨然，让我吃完了也不舍得把袋子丢掉，还带回东京作纪念。另外，以大豆加上黄粉做成的"八壶豆"的美味也让人难以忘怀。

"红梅烧"也是这里的名产之一。仔细观察就会发现，卖这两样名产的三间店铺的格局就好像是舞台剧的布景一样，相当耐人寻味。

门前町的"大黑屋"创业以来已经过了两百五十年，这家料理店从八代将军吉宗的享保年间就开始营业了，并延续至今。

这里有着青瓦屋顶、棂格窗、和风纸门和白净的围墙，庭院深处的水池中清冽的泉水涌溢，成群的鲤鱼在此悠游。沿着流水设有栏杆和座位。我们被带到里面的座位，映入眼帘的是沐浴在灿烂秋阳下的后山。

我自恃吃过不少鲤鱼料理，但却没想过原来鲤鱼可以有这样多的变化，我想这是只有历史悠久的"大黑屋"才淬炼得出来的"技艺"吧！

我想试着把菜单写出来，当然，全部都是鲤鱼料理。

首先，前菜是醋腌鲤鱼皮和冬粉，我从没想过鲤鱼皮尝起来竟然是如此的饱满，真好吃。

接下来，是将鲤鱼肉捣碎后做成鱼丸拿去炸的炸鲤鱼丸、两片味噌烤鲤鱼和炖雄鲤鱼肝，这是我最喜欢的一道，不但充满了乡野的气息，可以清楚地感受到这个虽简单却也不失技巧性的料理手法在悠久历史中进化而来的绝妙之处，这也是一道不可言喻的美味佳肴。

之后是鲤鱼鳍蘸山葵酱油、盐烤鲤鱼和胡椒照烧鲤鱼、与蛋和生姜丝一起调理的竹筒鲤鱼，接着则是鲤鱼汤。

昨晚，"船津屋"的女侍阿秋说过："'大黑屋'的鲤鱼汤的美味程度可不是盖的。"

的确很好吃，这里用的味噌是手工特制的黄麴味噌，美中不足的是汤有点不够热。

像"大黑屋"这样的料理店，到了这个神妙的地步，基本上就不太可能只是把鲤鱼做成普通生鱼片就端到客人面前了。或许甚至会觉得这样的行为很失礼吧。

"啊，真悠哉啊！"风间画家用这样的形容词来表达自己满足的心情，画家今天的心情也好得不得了。

◎

我们后来又到长岛温泉走走，最后也顺便在三重县内有名的"超乐园"住了一晚。这个"超乐园"结合了休闲中心、饭店和游乐园，内容极为丰富，面向伊势湾的大片平地亦是广阔。里头的主要设施有圆形大澡堂、大型演艺厅、小型演艺厅、几个小温泉池和无数的餐厅。

第二天，我们睡到自然醒，在快近正午的时候往大型演艺厅去。大型演艺厅里可容纳三千名观众，舞台设计成旋转舞台。为了让观众们可以边吃喝边看戏，大型演艺厅周围环绕着无数的餐厅。

我们在这里的"柿安"分店买了三百元的"寿喜烧便当"、

啤酒、日本酒和关东煮后就进到大型演艺厅里去听歌谣秀了。边听歌谣秀,我边忍不住说道:"我又想去'大黑屋'了呢!"其他两人也热烈地附和道:"好啊!走吧!"于是,离开演艺厅后我们又前往"大黑屋"去了。

这次比前一天多吃了"酥炸鲤鱼尾"和"香烤鲤鱼眼"。令人感到不可思议的是,听说"大黑屋"的鲤鱼池里的水温春夏秋冬四季不变。店里的人跟我们说,他们会把在揖斐、长良、木曾三条河川中捕到的鲤鱼先在这个水池养半年,"半年后,不但所有的土腥味都没了,鱼肉也会更为细致"。

走出"大黑屋"后,我们悠闲地走到揖斐、长良、木曾三川出海的冲积扇平原上,悠闲地散步。

◎

这个水乡泽国笼罩在夕阳余晖里,点点远帆缓缓地在海面上漂荡。长堤边,有条壮观的松木林道,这里就是传说中的"千松原"。

这里是宝历年间,德川幕府命令萨摩藩流血流汗,并花费了四十万两黄金才完成的治水河堤遗址。虽说当时萨摩藩算是牺牲重大,但也因此让沿岸三百多个村落得以免于水患。千松原里建有"治水神社",目的则是为了吊唁因为治水而牺牲的萨摩藩士们。"治水神社"是在水乡中的美丽神社,我们忍不住举步走到神社境内,马上被"隼人桥"的红栏杆所吸引;桥的另一边有一艘船载沉载浮,这艘船就是"隼人丸"号，而它其实是一家餐厅。

"真有趣啊！"

我们加快脚步走进店里，又点了红烧诸子鱼和炒青菜下酒，不一会儿就又饱得动弹不得了。船外的芦苇丛轻轻摇曳，外头似乎起风了呢。

青花鱼

味噌青花鱼是母亲相当喜爱的一道菜,当我还是孩子的时候青花鱼是平民专属的食材,所以也常常出现在我们家的餐桌上。但是,我小时候却对青花鱼深恶痛绝,原因无他,只因为青花鱼的腥味真的很重。

母亲也总是这样地训斥我:"这种不知足的话你也说得出来?下次连饭都不准你吃!"

我一直到"二战"的末期才终于尝到青花鱼的美味。当时我所属的海军八〇一航空队转移到山阴的米子基地,这个部分我已经在《四万六千日》里写过了,但是基地所在地的弓滨半岛是那样的美不胜收,对当时的我而言,简直就像是"梦之仙境"一样。

当时,东京和横滨一带都已经被美国空军频繁的空袭烧成一片焦土，关于"战败将至"的绝望感也在我内心深处啃蚀着，而这一切在这里，仿佛都只是一场噩梦。初夏的阳光煦煦地洒在白色沙滩上，半岛上半农半渔的淳朴居民们悠闲惬意地生活着，运载着年轻士兵飞向死亡天空的战斗机轰隆声也离这里很遥远，仿佛两个世界般的迥异。

我们部队里的士兵们都分散住在当地人家之中。后来，海滨附近成立了司令部，我成为通信总长管辖之下的电话室长，和另外三位士兵一起离开分队转任到司令部。

海军的休假称为"半舷上陆"，也就是从太阳西下后到隔天早晨的这段时间，因此这段时间里，不管是下士官或士兵都会回到被分配到的人家养精蓄锐。

我被分配到位于半岛的余子村一位叫佐佐木虎太郎的农家，虽说是农家，但餐桌上也常出现现捞的各种鱼类。

到了青花鱼的季节，餐桌上出现了"萝卜青花鱼烩饭"。做法是在锅中把水煮开后放入鱼肉，然后将白萝卜签加进锅里，用盐和醋调味，最后，趁热淋上生姜汁一起吃。我战战兢兢地夹了一小块送入口中，却不禁瞪大了双眼。

这跟我以前在东京吃到的青花鱼完全不同。我完全不知道原来刚捞到的新鲜青花鱼可以如此的美味，不管是盐烤青花鱼、味噌青花鱼或醋腌青花鱼，每一种都美味得令人咂舌。

青花鱼在夏天尤其容易腐坏，这点也让新鲜青花鱼的美味更加难得。那之后，就算不是上陆日，我也会趁着有空

闲的时候到海滨跟船家以意想不到的便宜价格买些新鲜青花鱼，在司令部后头的树林中处理干净后剖成三片，先用盐略腌，等到夜深后再和电路员们一起大快朵颐。

最简单的方式当然是盐烤，而奶油清蒸，再洒上夏橙汁一起吃的吃法也很棒，夏橙是弓滨半岛上盛产的水果。我在闲暇自娱时写的半短歌中，这样写道："捡豆暂歇一老妪／回首夏橙花散落。"

这样的情景，诉说着尽管在遥远的某处战争正如火如荼地进行着，但平稳安详的气氛却在这个村庄无尽地蔓延着。到了战争末期，此处也成了美国空军侦察和机关枪扫射的范围，但幸运的是几无损伤。

说到夏橙，让我忍不住地想回味一下青花鱼生鱼片淋上夏橙汁的美味。

处理青花鱼的诀窍是，把新鲜的青花鱼剖成三片之后，要先撒上适量的盐放上半天，这样青花鱼尝起来才会更细致、甜美；之后再用水把盐洗净，用干燥的布巾把鱼身上的水分充分拭干，然后把鱼肉切成生鱼片，另外必须先把洋葱切片备用，夏橙也需要多准备一些。

接着，在大盆中排上洋葱，把生鱼片铺在洋葱上，然后把夏橙挤出汁后充分淋上；再排上洋葱、把生鱼片铺在洋葱上，然后把夏橙汁淋上……就这样一层一层地叠上去，三十分钟之后，把外形看似洋葱的青花生鱼片盛装在盘子上面，再充分地淋上夏橙汁就可以吃了。

真的是非常美味。在一起的电路员们吃完后也都意犹未尽地舔着嘴回味着刚刚入口的美味，不断地重复着："下次再做吧！一定要再做喔！"

看到我这样写，一定会有人觉得就是因为有我们这些不认真看待战争的士兵，所以日本才会输的吧。但是，好吃的东西就算在战争时期也会一样美味，我们人类是不可一日不食的生物啊。

战争结束后，我回到东京。当时粮食极度缺乏，不要说是青花鱼了，连一根小黄瓜都可以让我感激得眼泪纵横。又过了几年，时局渐渐稳定，某天我突然想起半岛上的青花鱼和夏橙。刚好鱼贩也摆出了秋季青花鱼，我马上就买了一些回家，试着用当时的方法做了夏橙青花鱼生鱼片，但味道却不对了，也不知是因为青花鱼不一样，还是我的口味变了，总之实在不怎么好吃，那之后我就再也不愿尝试了。

又过了几年，大概是十年前吧，我在家附近的鱼店里发现了看起来新鲜无比的青花鱼，突发奇想："不知道把夏橙改成柠檬的话会怎样？"

于是，我买了一些回来试试，发现大胆尝试的结果还不错。这种柠檬青花鱼生鱼片的味道颇为美味，所以我现在只要看到有新鲜的青花鱼都会买回来这样做，方法和当年完全一样，只是把夏橙改成柠檬罢了。

东大寺结解料理

第一次吃到东大寺的结解料理约莫是两年前的事，但当时的情景、味觉至今仍深刻地印在脑海中。至于为什么叫作"结解"，在东大寺中似乎也是个未解的谜。

奈良的东大寺自奈良、平安时期以来即与兴福寺齐名，是代表三戒坛之首华严寺的大寺院。"结解料理"是东大寺自古传来的传统料理，今天我们所看到的完整料理形式是从江户时代承传至今的。在一个天气晴朗的冬季午后，我终于有机会在东大寺的本坊吃到这些料理。我们走进由和纸门和屏风所围绕的大房间，房间里点了多盏的百目蜡烛，正灿灿地燃烧着，一瞬间，我们仿佛进入了暗夜的世界。

主客十余人入座在红毛毡上后，在东大寺充满缅怀古风气氛的宴席中，我们也被带领进入过往的情绪中。

从遥远的古代以来，结解料理就是由东大寺所提供的佛僧料理，时间通常是在重要的法会结束之后，抑或是各个村庄的年贡都顺利缴纳完毕之后。一直到现在，寺院关于结解料理的一切都尽量依循古法，所以属于现代产物的暖气和坐垫也理所当然地被排除在外。但就一个历史小说家而言，我对这样的安排感到相当满意，这一场宴席让我获益匪浅呢。

在末座的正对面有一个屏风，两位负责端膳的人静静地端着料理从屏风后面走出。首先端上来的是水菜醋味噌和奈良腌菜，然后是旁边附砂糖的红豆饼和油豆腐清汤。负责端膳的两位先生，一位是用度挂的酒井桃园先生，另一位是纳所的本间二郎先生，两人的动作都有如行云流水，利落得让人叹为观止。

在帮每个客人上菜前，两位先生都会亲切地先向客人问候，客人也如数回礼，之后，两位先生虽然不再多言，但他们的娴静气质和殷勤的服务态度却在不经意之间，让客人们打从心底舒坦起来。

取暖设备只有我们手上的小怀炉，寒意在室内蔓延开来。我边用手搓着小怀炉边吃着端上来的料理，这种古意的景象在现代社会中早已不复见。再说，在都市中生活的人们，对于四季的更迭、寒暑的变化也渐渐地麻木了。

第一杯酒顺喉而下，因为浑身的冻寒太过真切，美酒下肚，连五脏六腑都感觉温暖幸福了起来。

接着端上来的是烫菠菜和高汤面线，料理盛在古风十足的根来窑器中，调味也是谨守古法，口味淡薄，连盐的控制都一丝不苟。它虽实在称不上美味，但却让我们可以品尝到东大寺对结解传统的执着与坚持，也可以一窥古时候饮食的原貌。我们这些生活在现代社会中的现代人，日常生活中有太多食物和调味料可供享受，已无缘体验到古时候的味觉感受。在这一刻，我们甚至可以深深地体认到古时候的酱油和味噌是多么稀有珍贵的奢侈调味品。而我们要是在战后物资极端缺乏的时代吃到这个结解料理的话，那又该会是如何的感动啊，毋庸置疑地应该会觉得这也是相当美味的佳肴吧。

冻豆腐之后，第二杯酒端了上来。百目蜡烛的烛火一开始摇曳，站在一旁的端膳人马上就会走到烛台边，去除过长的灯芯，这是我第一次看到这个"捻烛"的动作。

主客在食物的带领之下追溯到远古的往昔，我有着自己在舞台上饰演古代人的错觉，这一切对我而言都是那么的新鲜、欢愉，我也终于知道只有烛火照明的世界是什么样的感觉。在烛火的照映下，盛在根来窑器中的面饼、磨成粉后固定成型的水仙球根和胡桃都显得朦胧有致。在火光下，所有的食物也都默默地散发着自然的风味与清香。

后来我听旁边的人说，站在屏风后面的端膳人需要有极度敏锐的神经，那模样可不容小觑。

接着是麦粉煎饼和姜丝清汤，然后上酒；炸地瓜之后再上一次酒。不只是酒，下酒菜也一应俱全，在木盘上盛有浅草海苔，山茶盘上则盛有陈皮，陈皮其实只是晒干后切成小片的橘子皮而已。

在现在这个时代，橘子实在称不上是什么稀奇的东西，但在六百年前，这可是从异国远渡重洋才传到日本的奇珍异果。当时刚从亚热带亚洲传来的橘子，连皮都显得珍贵无比，果实吃完后连外皮也舍不得丢弃，加工后变为贵族餐桌上的佳肴。古书上记载着"陈皮"可以促进食欲，而陈皮的清爽香气在当时应该也是相当珍罕的吧。

宴席持续了两个半小时左右，对我而言是相当珍贵的两个半小时，至今我仍对当时的情景无法或忘，尤其是在百目蜡烛的灯影憧憧中，静肃地、稳健地、沉静地为我们服务的两位端膳人的形象。

我和同行的S记者一回到京都就飞奔到三条小桥的"松寿司"店里，尝到了属于现代的绚烂风鱼菜料理。S记者感慨地说："还是现代的东西比较好吃。"

"是这样说没错……但我们借此充分理解到六百年前橘子是多么的贵重呢。"我这样回应着。

岁　末

一年将尽，属于岁末的仓促感压境而来，负责揭开序幕的是冬至那天的日本柚浴，不过现在要说的不是现代东京的岁末。

战前，即使像我们这些东京街巷中技艺工匠的人家，也会聚集在传出阵阵日本柚香气的钱汤里洗去一身寒意，之后则会到附近的荞麦面店吃个天妇罗荞麦之类的。

现在市面上的日本柚一颗要价一百到一百五十元，这样的价钱已经不再适合随意丢进浴缸槽里当香精了，正确的说法应该是：这样贵的东西还是不要随便往浴槽里丢比较好。

过了冬至，天气日渐寒冽，街角也开始有人出来摆摊卖新年月历，街巷里的声响也和平日截然不同。

现在东京会听到的街巷声大概也只有车水马龙和施工的噪声吧。不管春夏秋冬，年初岁末都一样吵闹，现代人的生活已渐渐地和四季变化脱了节。

街头巷尾充满着卖各式用品小贩的叫卖声，街上行人的脚步声也给人匆忙迎向除夕的感觉。当时，母亲一个人要支撑着整个家的生计，我们的生活可说是落魄贫乏至极，每年为了要筹出年节料理的钱都是件相当困难的事。没有钱的时候，我们会把家里可以当的东西拿去当铺换点钱，用来张罗年节料理、换榻榻米和重贴纸门，要是连这些都没有做的话，不但没有迎新年的感觉，还会觉得在新的一年所该有的蓬勃斗志也会随之沉寂。

在岁末，我最重要的工作是贴纸门。当时十一二岁的我，用嘴巴含着小小的"二钱刀片"，边在门框上涂上糨糊边粘上和纸，当时我虽然还只是个孩子，内心却因此高扬起对岁末的兴奋之情。

在这样环境中长大的我，即使已经要迎向人生中第五十个岁末的现在，还是会尽量遵循着以前的生活方式，重复着每年必行的工作。家外的东京早已湮没在现代化的发展中，无缘再见往昔情景，但家里面的岁末气氛却反而一年比一年浓郁。

其实不这么坚持也无不可，但我认为可以感受到这股气氛的人，比感受不到的人要来得幸福。

往年我都会尽量在二十日左右完成这一年所有的工作，然后亲自感受岁末的忙碌气氛，但今年因为工作缠身，不能尽如人意。往年，我都会拉着妻子和胞弟一起到京都的锦市场去找年节料理材料，顺便办些年货。然后，会把祭拜祖先和所有的岁末杂事完成，从二十五日之后就会把家里大小事全委托给家里两个女人，我则每天悠闲地在街上闲晃，吃吃想吃的东西、看看想看的电影、读读想读的书……对我而言，岁末的这短短几天是我一年一次的休养生息时间，也因此，一般人休息的盛夏之际我则哪也不去，乖乖地在家工作。

◎

今年虽然忙碌，应该还是可以开心地去参加浅草的"年市"吧。十二月十五、十六日两日是"饰品市"，是专门卖春节装饰品"注连饰"等的市集；十七、十八日两日则是令人期待的"毽板市"。"毽板市"中会将最近当红的狂言演员们画在毽板上，整齐地排列在摊位前面供客人挑选；这样怀古的江户情怀，在现在的浅草还能完整保留，对此我感到相当振奋与欣慰。

要去年市的话，午餐就必须要吃少一点，然后在夕阳西下时出门，先在驹形的鳗鱼店"前川"或鸡肉串烧店"金田"悠闲地坐下享受美食，酒足饭饱后再前往年市。

"前川"和"金田"是当饰品工匠的外祖父在我七八岁的时候就带我去过的老字号，尤其是"前川"的鳗鱼对我而言，更是与过去一样完美的绝品。

浅草在战火的摧残下曾是一片焦土，"前川"当然也不是战前的那一栋建筑物，虽然店面扩增了许多，但却仍一心一意地专注在让客人吃到好吃的鳗鱼上，不像其他鳗鱼店会将座位设计成哗众取宠的宴会场地。此外，女侍们的殷勤而有分寸的服侍态度也跟战前一样。我认为这才是鳗鱼店该有的待客方式，没有多余的动作，一切都依照客人饮酒的方式、食量等条件来服务，让客人可以吃到最好吃的鳗鱼。

也就是这样，像浅草的"驹形土虱"、深川高桥的"伊势喜"这些土虱锅的老字号也是，就算是在闷热如蒸笼的酷暑中也绝不会加装冷气设备。在这样的酷暑中边挥着如雨而下的汗水，边大口吃着土虱锅，这才是最极致的味觉享受。

不过并不是说"前川"没有冷气，我要强调的是："前川"尽了最大的努力维持鳗鱼店该有的风格。

鸡肉串烧店的"金田"在战后已经换人经营，以前的"金田"改名为"本金田"，搬到象泻町去了，但我却还是忍不住会循着童年记忆来到这里。从前这个地方林荫苍郁，也有几栋独立的小茶楼。我还记得有一次外祖父给了负责招呼我们的女侍一些小费，在结账的时候，账房的人大声地对外祖父传达着女侍的谢意："女侍要我跟您说声谢谢呢！"

这里也是跟"前川"一样，女侍们的待客方式就让人不禁缅怀起战前的浅草。尽管庭院和装潢都已然改变，但店中

却仍散发着浓浓的怀古气息。

接着，今天晚上也要加把劲，至少要让自己可以悠哉游哉地逛年市。

新年

"二战"前，我每年除夕都一定会去看场电影。这个习惯一直坚持了下来，但最近三年这个对我而言很重要的习惯却被忙碌的工作所打断。今年我无论如何都想要恢复这个好习惯。

战前，我大概会在下午四点走出当时浅草永住町的家门，信步走到新寺町通和当时在证券行的好友井上留吉在"前川"鳗鱼店或"中清"天妇罗店里会合。

"阿留，明年也多多指教啊！"

"彼此彼此啰！"

就这样，在一年的最后一天和莫逆好友一起举杯，酒足饭饱后再到大胜馆看 SY 系的洋片。浅草六区一到年初一就会人山人海，也只有在除夕这天才可以悠闲地看电影。

我们先看完弗雷德·阿斯泰尔（Fred Astaire）和琴吉·罗杰斯（Ginger Rogers）的新春贺岁歌舞剧后，在六区闲逛一会儿，然后赶在十二点之前到并木的"薮"荞麦面店吃跨年荞麦面。从那时起，我每年总是以"鸭南蛮（葱鸭）荞麦面"来下酒，这个习惯一直持续到三年前。战争结束后，吃荞麦面有时会改去池端的"薮"或神田连雀町的"薮"，吃完后也会顺便买些跨年荞麦面回家，回到家窝在暖炉桌里再喝点酒，然后享受着这种酣然打盹的惬意。这种感觉真是美妙得无以复加啊！

在一整年的辛劳之后，只有这个恣意的夜晚可以忘却一切俗事，心无挂碍地安然酣睡。再次睁开眼时，发现母亲和妻子已经看完了电视上的"某某歌合战"，正在准备我买回来的跨年荞麦面。我醒来，在荞麦面上洒上日本酒让面松开后，又吃了一次跨年荞麦面，吃完后又躺下继续睡。我仿佛将蓄积了一整年的疲劳一举蒸散出来似的陷入沉睡，元旦当天醒来的时候已经是正午十一点。

母亲正饿着肚子、踱着方步，焦躁地等我起床，因为我们家里规定元旦这天，家里的女性们不可以先吃饭。我起床后先沐浴，刮好胡子后穿上母亲为我准备好的新和服，然后走进饭厅，家人们已经在准备好的饭菜前等候了许久。

"今年也请多多指教。"家中的女性们这样说道。

"唔。"我这样回答之后，继续说，"去年你们两个……"我开始总结过去一年来这两位女性的业绩，对尚待改进的部分加以批判，对值得赞赏的部分加以褒扬，之后则是对未来新的一年的期许："今年也请你们好好努力。"

然后我们以屠苏酒举杯祝贺，接着开始吃年节料理、喝酒、看一下贺年卡，最后再吃年糕汤。

我们家的年节料理由母亲负责，所有的料都是战前东京街巷里的技艺工匠们家中会吃到的东西，如卤菜、甜豆、鲱鱼子、昆布卷等，并没有特别花哨。我配着味噌豆腐、蘸着山葵酱油，吃着醋腌若狭小鲷鱼丝，又喝了三杯日本酒。

之后是年糕汤，我吃了两小块年糕就觉得差不多了，想当年我一次最多可以吃下二十三块呢！年糕汤以前称为"名取年糕汤"，材料只有小松菜和鸡肉，最标准的吃法是把刚煮好的滚烫清汤淋在烤得有点焦的年糕上，直到把年糕淹没，年糕绝对不可以放进去一起煮。

这些都结束之后，我回到自己的房间，继续睡。

家人们则是看电视或与前来拜年的亲友们叙旧寒暄。我会一直睡到太阳下山，元旦这一天我不会有客人来访。

新年的前三天，家里的女性们几乎足不出户。家里除了年节料理之外，还有咖喱饭、卤猪肉、中华风烩饭等丰盛的备粮，其他像什锦炒饭配高汤酱这些复杂一点的料理也一应俱全。

傍晚，我醒来后一个人走到厨房，用什锦炒饭的高汤酱

炒了一盘洋葱牛肉，配着刚煮好的白饭吃了个粗饱。在元旦这天的晚餐我是不喝酒的。

晚餐后，我走进书房开始工作，也为我新的一年的工作揭开序幕。因为我是在岁末就完成工作进入休息的，也因此不得不比别人提早在元旦晚上就开始工作。

不过因为我在岁末已经松懈了好几天，工作一开始总要多花些时间收心。

我放了卷录音带来缓和心情。我的录音带都相当古老，几乎都是"二战"前的音乐。我先放了本尼·古德曼等人的专辑，接下来就随意选，随便放了。

照这样的情况，我在第二天早上之前要是可以完成六七页的话，就算是相当不错的了。只要一开始动笔，工作的心情也会渐渐恢复，并渐入佳境。

年初二的早上，母亲和妻子不等我起床就已经先吃饱了。这天起，我的客人也会陆续来访，我一边抽空接待来客，一边写着稿子，大概写个一两页也就是晚上了。到了第三天，我就可以完全恢复到平常的工作步调了，穿着工作用的袖套和服，换钢笔墨水，到书库查资料……

不同于小时候对新年的热衷，对现在的我而言，岁末比新年来得更加令人期待。小时候，新年有红包可以拿，有舞龙舞狮和万岁乐曲，外头也会传来玩羽毛键板的声音；到了傍晚则玩骑马打仗，可以吃很多年糕；到了晚上还可以玩花型纸牌；等等。

我有一次在朋友家玩疯了忘记回家，年逾八十的曾祖母前来接我，喊着："正太郎，回家睡觉啰！"今年的新年新希望是：希望这个回忆可以入梦而来。

结缘日

    各个寺庙的结缘日虽然并没有按照"岁时记"有特定的日期，但我印象中的结缘日夜市多半在初夏到夏末这一段时间举行。

    对于一个孩子而言，春夏的夜晚有无数的玩乐可供选择，通常是不会特地去记结缘日这种小事的。但是，冬天的结缘日就不一样了，早在两三天前就已经开始兴奋地数日子了。

    再说，结缘日的那天晚上，母亲总会多给一点零用钱，少则十钱，多则二十钱。有时母亲的钱包比较羞涩的时候，则会以"不去结缘日又不会死"来打发我们。

    我的孩提时代住在浅草永住町一〇一番地，隔着十二间道路的西边是下谷区。

    离家最近的是稻荷町下谷神社的结缘日，在每个月的一日；另一个则是沟店祖师爷的结缘日，在每个月的七日。祭典日另当别论。一般结缘日那天摊贩从傍晚开始就会出来摆摊，而且可不是十家、二十家而已，从大街到小巷、小巷再到大街都摆满了小摊，没有一百家少说也有五十家。我想就我脑海中的印象写写有哪些小摊。

首先是"太鼓烧"，这个部分我已经写过了。我当时因为无比崇拜"町田太鼓烧"老板的精湛手艺，央求着母亲让我到老板底下当学徒却被教训一顿，这件事情也在同一篇提过了。

而这些都是因为母亲很早就跟我说过："你小学毕业以后，就去证券行当伙计吧！"母亲一心要让我到证券行，而我最后也如母亲所愿进去了。当时虽然还只是孩子，但心中却早已经不断设想着其他职业的可能性了。

其实除了"太鼓烧"之外，我也想过到另一家小摊去当学徒，这家小摊是在我所知的结缘日夜市卖食物的摊子中最为高级的了。摊位上摆了个大锅，里头的热油滚滚沸腾，外头则挂了一个写着"甜甜圈薄片"的小招牌。

有如大黑神摆饰的老板穿着雪白的厨师服站在大锅前，即使是在寒冷的冬天仍挥汗如雨，一位年轻学徒在旁帮忙搅拌面粉。不过那巨大的面团子里当然不只是面粉，还加有鸡蛋和其他许多材料，用粗大的面棍不断地搅拌。这家摊在傍晚时分摆出来后，生意也就马上开始了。

只要人潮一开始涌现，老板就把面团细切成一口大小的薄片然后往锅里丢去，切、丢、切、丢……一连串的动作跟表演一样精彩。

老板把炸得酥脆的甜甜圈薄片捞起后，撒上白砂糖，然后用木棒从中间穿过去穿成一串之后放在纸袋里卖。

这个充满浓郁奶油香味的零食入口即化，好吃得不得了，但价钱也不便宜，最少要五钱，可不是一钱、两钱买得起的东西，但生意却相当好。

虽说这个其实就只是甜甜圈的一种，但因为是刚炸好的，那甜美柔软、入口即化的口感，让我们这些小孩毫无招架的能力。再说，有如大黑神摆饰的老板的叫卖声也深得我心。内容是"咬啊咬、嚼啊嚼，入口瞬间的美味，绝对让你没齿难忘"这样的句子，老板洪亮清脆地这样喊着："咬啊咬！嚼啊嚼！入口瞬间、的美味，绝对、让你、没、齿、难、忘！"

就当时卖食物的摊贩而言，老板这样的叫卖方式可说是相当地出类拔萃，现在想想我当初应该也是因为老板的这一点才想要去当他的学徒的吧。回到家，我跟妈妈商量着："要是不能去当'町田'的学徒的话，那让我去'甜甜圈薄片'当学徒总可以了吧？"

没想到，母亲也不知道是哪根筋不对劲，竟然语带转圜地说："好吧！既然你这样想要从事有关食物的工作的话，那就找一家有名的西洋点心店或西洋料理店去当学徒，努力学个一二十年吧。"

"哪里是有名的店？"

"例如说帝国大饭店的厨房啊。"母亲说了一个很远大的目标。

"我才不要去那种地方！我想去'甜甜圈薄片'那里就好了！"

"你这个笨蛋！不行！"

然后我们的讨论就到此结束，再没有下文了。

但我并没有因此而放弃，我在学校里学着老板的叫卖声"咬啊咬！嚼啊嚼！……"结果获得同学们的满堂喝彩。而有些住在下谷区的同学们听到我的叫卖，纷纷询问着："真的有这么好吃吗？"也都嘴馋了起来，结缘日那天还特地去下谷买"甜甜圈薄片"。第二天到学校也都意犹未尽地聚集在一起，热烈地喊着："咬啊咬！嚼啊嚼！……"

当时的导师立子山老师也问过我："池波，你们说的到底是什么东西啊？"

尽管已经时隔多年，但我现在写到这一段还是忍不住觉得老板的这段叫卖台词真的很经典，我想老板为了想出这个一定绞尽了脑汁吧。

"咬啊咬、嚼啊嚼，入口瞬间的美味，绝对让你没齿难忘！"

如何？还不错吧？

食桌情景

一想起当时的景象，我就会希望自己写的小说也能够像这个台词一样，让人没齿难忘。

◎

"太鼓烧"和"甜甜圈薄片"之外，还有"炸肉片"，虽然我也不知道是什么肉，但像这样的摊子不管在哪边的结缘日也都会出现。做法是把肉切细之后裹上面粉，然后用竹签串起来之后撒上面包粉拿去炸，炸好后放在铺有铁网的箱子上卖。在箱子的旁边摆有一个大碗，碗里面是漂着大量高丽菜细丝的酱汁，一串一钱。老板会"咻！"地把肉片放进大碗中左右转两圈，然后把蘸满酱汁的肉片用竹签插着，从酱汁中拿起时也尽量让高丽菜细丝都可以在肉片正面，然后交到客人手中。

在神田淡路町处有一家叫作"松荣亭"的小西餐店，就在荞麦面店"薮"的附近，是一家还保持着从前东京街坊中西餐厅气氛的店，里面有一个名叫"西式炸牡蛎"的菜品，这里使用的是以前的"炸肉片"无法与之相比拟的高级食材。我只要一想到过去在结缘日上吃到的"炸肉片"，就会到这里点"西式炸牡蛎"来尝尝，这道菜的味道，总是可以悄然唤醒我那遥远年代中的童年记忆。

还有卖把橘子裹上麦芽糖的"麦芽橘子"和粗糖做成的"乌龟麦芽"的店，虽然也都有现场表演，但这些甜食店交给女生负责就好了，我们男生对此没什么兴趣。其他像卖"菖蒲圆""烤牛奶糖"的店和众所周知的棉花糖店，也是跟我们这些男生无缘的摊位。

在冬天的结缘日里虽然没有捞金鱼和卖萤火虫的摊子，但有"十钱店"，里面所有的用品都是十钱，相当受婆婆妈妈们的欢迎。另外也有"玩具店"，不过我会买的东西大概也只有"吓吓球"吧！在夏天的结缘日晚上，我会恶作剧地用力把"吓吓球"对着来逛夜市的"小香"或"千代"或"小咪"的脚边砸过去，"吓吓球"在她们脚边爆开。

"啊！……"

"阿正你这个抠头！我要跟你妈妈说！"

女生们口中传来阵阵的怒骂声，我则会对着那群女生发出"嘿嘿嘿嘿，活该！"的奸笑声，之后迅速消失在暗夜中。

我也常和损友们一起在木材堆积场里玩决斗的游戏。

"阿彦，你还记不记得在鸟越戏院里看的，有关岚宽寿郎演的右门巡补帖的决斗？"

"当然，我看了三次耶！"

"那你来当坏人，我来当右门。"

"你想得美，我才不要当坏人。"

决斗游戏告一段落之后，我们会回到夜市里再绕一圈。

还有"铁丝表演"的摊位。老板用一个钳子轻轻松松地操纵着铁丝，从自行车到汽车、飞机到火车、小狗到狮子，老板什么都变得出来，我也在这里花了不少时间。其他还

有"麦芽糖"和"糯米团子"的技艺表演。

"糯米团子"的老板在现场把糯米团做成各式各样的蔬果和鱼贝的样子，然后放进锅中煮熟，最后淋上黑蜜糖一起吃。锅中的每一个糯米团子虽然只有指节般大小，却精致得令人咂舌，买了以后常常舍不得吃。

在冬天的结缘日晚上，吃完晚餐后，我无视曾祖母"一吃完马上躺下睡觉会变成牛喔！"的絮叨，躺着休息一下之后，起身说道："我要去结缘日夜市。"

母亲把我叫住："帮我买'町田'的煎牛肉回来。"

祖母斥道："不要买那种奇怪的东西回来。"

曾祖母则在旁打着圆场："不要吵架啊！"

当时东京冬夜寒意彻骨的程度可不是现代这个暖冬社会可以想象的，但当时的我也只是冬天和服下穿着一件卫生衣保暖而已，至于卫生裤的话在年过五十的现在也没有穿，到死之前也不打算穿。为何会说到这个呢？大概是写到小时候的事，整个心情也年轻倔强起来的关系吧，还请多多见谅。

在伸手几乎不见五指的暗黑中，我循着结缘日的灯火前进。一走近夜市，煤油灯的气味飘荡在寒冷的空气中，让我全身充满了"啊，结缘日呢……"的感动。

我第一站通常会先到旧书摊，算算自己身上的钱后买些杂志或书籍。小时候的我是大佛次郎先生的忠实书迷，不只是《少年俱乐部》，连大人看的杂志或书，只要里面有大佛先生的作品我就一定会买来读。

我记得我是用七十五钱买了岩田专太郎装帧的《赤穗流浪武士》初版，经典代表作《雾笛》则花了三十五钱。我买好书之后又去买了"町田太鼓烧"和"甜甜圈薄片"，然后就赶紧飞奔回家，因为要是回到家之前让食物冷了的话，一定会被母亲揍扁。回到家后，我马上窝到暖烘烘的火炉前，边把刚买来的食物塞进嘴巴，边读着刚买来的书，一副快乐似神仙的样子，直到母亲的责难声传来……

"明天迟到也不管你喔！"

我当时读的《赤穗流浪武士》没多久后就由伊藤大辅导演执导，由片冈千惠藏主演，标题改成《堀田隼人》后搬上了大银幕。《雾笛》则是由新兴戏院出资改拍成电影，由村田实导演执导，中野英治演千代吉、志贺晓子演洋妾、菅井一郎演库伯。我一听说马上就抓了十钱往鸟越戏院冲去。

就这样，我的童年生活与结缘日和电影息息相关，也因为有这些东西的存在，才让我的少年时代充满了欢乐与活力。

写到这里，母亲拿着晚报走进书房里来。她看了这一篇之后说道："里面又提到我了，从今年起多给我一点零用钱吧！"

饭中决斗

　　舞台剧与小说、电影不同，很难安排有关餐桌的情节。舞台剧是一种在有限的时间里，利用有限的场景变换，让一出戏的剧情顺利发展，让观众与舞台同步，最后可以达到高潮的极致艺术。舞台上的每一分钟，对作者、制作人和演员都弥足珍贵。例如，在舞台上仅仅只是让演员喝一杯茶这种小事，也可能坏了整出戏的节奏，尤其是时代剧的情况更是如此。古代武士家喝茶可不是这么简单，不但有许多关于茶道礼仪的规矩要遵守，连对待茶杯的态度也很讲究，相当麻烦。

　　◎

　　不记得是什么时候的事了。当时帮尾上松绿的舞台剧写完剧本之后，松绿先生在排演时，有点迟疑地对我说道："这一段喝茶的地方……"

话还没说完，我截话说："删了吧！"

语毕，两人看着对方忍不住苦笑了起来。

也不是没有例外。

河竹默阿弥有一出鲜少上演，名叫《忍者惣太》的舞台剧，原本的标题是《都鸟廓白浪》，要介绍故事内容的话实在有点冗长，恕我省略。

这出戏中有一个吉原的花魁花子，但花子其实是一名叫作天狗小僧雾太郎的年轻盗贼，最后真实身份被揭穿，恢复男儿之身的天狗小僧和巡捕展开一场拉锯战。

这一幕里，天狗小僧坐在暖炉桌前，一边从容地吃着饭，一边和巡捕交手。歌舞伎的舞台中，会加入响木、钟锣或大鼓等音效，天狗小僧扒着饭和巡捕打斗的这一幕，有趣得让人拍案叫绝，这就是所谓的"饭中决斗"。

孩提时代，我在浅草永住町家里附近的开盛座和宫户座里看过这一出戏，但对演员却没什么印象。近年，当我看到已故的市川猿翁所制作的《忍者惣太》中，第三代中村时藏所演的天狗小僧的精湛演技，忍不住追忆起我童年时候看戏的情景，久久不能自已。

◎

十五六年前，东宝剧场遭受祝融之灾，原本预计隔月要在东宝剧场公演的新国剧剧团在情急之下，也只好将岛田正

吾先生和辰巳柳太郎先生分派两处，岛田先生在艺术座，辰巳先生则在东横剧场，分别由这两位主力演员带着两组剧组人员举行公演。当时，原本要在东宝剧场上演的戏码是由我所执笔的《决战高田马场》，改由辰巳先生在东横剧场演出。

之前，辰巳先生曾对我说过："这次，我想要试试中山安兵卫的十八斩，你会写到这部分吧？"

"会。"

我这样回答，然后花了五天的时间就完成了这出戏的剧本。如此迅速的最重要原因是我从孩提时代开始，不知看了多少有关高田马场决斗的电影或戏剧，早就对这个故事跃跃欲试了。

不过这样的故事，不走极端的娱乐路线就不够有趣了。其实依照史实的话，中山安兵卫（也就是后来赤穗四十七剑士之一的堀部安兵卫）当时只是菅野六郎左卫门的后应，不是主角，在高田马场里也只解决了两三个敌人。

但是，在新国剧《决战高田马场》的舞台上，却必须让他一次解决十八个敌人。

在一连串的剧情发展中，安兵卫终于要从天龙寺谷町的家中赶到高田马场。排演时，演到这一段时，辰巳柳太郎提议道："在去高田马场之前，是不是该让安兵卫先吃点东西比较好啊？"

"好啊！"我干脆地回答。

一听到我这样说，辰巳先生也有点讶异："真的可以吗？"

"没问题。"

听说，辰巳先生在事后跟团员这样说道："那家伙第一次这样干脆地答应我的提议耶！"

话说回来，安兵卫赶到高田马场是为了事关生死的决斗，不让他先吃一点东西，似乎没什么力气决斗。要是小剧场的话可以用让他抱着一缸饭边跑边吃的方法处理，但正式舞台剧的话就可以吃得像样点了。

辰巳柳太郎先生也意识到接下来的决斗会多么费力，用大碗盛满如小山的白饭后大口大口地扒着。

当时刚好是长屋后方天龙寺朝礼的时间，在阵阵高扬的木鱼声中，辰巳先生饰演的安兵卫在饭上淋上热水后又急又快地扒着饭，在大口吞饭的同时，碗里的热水沿着嘴角滑下，观众席上也发出此起彼落的"哇……"的惊叹声。

吃完饭后，安兵卫冲出门外，拔出腰侧的大刀，在口中含满冷水，喷在大刀上后一脸毅然地穿过花道赶到高田马场，要是之前不先安排这一幕的话，实在很难烘托出后面十八斩的壮烈场景。

当时，辰巳先生饰演安兵卫时的演技真的让人激赏不已，他入戏到在十八斩的决斗中不慎被刀柄划伤，缝了四针。我想这可能是因为在辰巳先生心中，有着想跟在艺术座的岛田正吾先生一较高下的斗志使然吧。

不过也因为有了这样的因缘际会，我后来也写了本《堀部安兵卫》的长篇小说，小说中的安兵卫就只解决了三个敌人。不过我为了补偿一下安兵卫，把他和中津川佑见两人单独的决斗故事连载在新闻报纸上，一共写了五天份，约十七页。

灯火阑珊的旅社

隔邻一里遥　唯有夜色中的灯火才是安心的依靠

灯火略微晦暗　诉尽人情冷暖

后山直逼屋檐　山上繁星点点

宛如冰水屋中的琉璃玉帘

三国街道蜿蜒

夜晚却仍有天色微明之恍惚错觉

白桔梗花寒中挺立

夜露如雨

越后方向隐隐传来村祭中　笛与大鼓的悠扬

灯芯渐瘦

是谁走出去了吗？

是素昧平生的来客？

是溪川中的精灵

夜凉袭人　我悄声将纸门拉上

这篇新诗是由我相当喜欢的作家田中冬二先生所作，标题为"法师温泉"。

"二战"前，位于上越国境谷底的法师温泉可说是田中先生的灵感泉源。

我第一次到法师温泉距今已有三十五六年，当时我还只是个证券行的年轻店员，因为看到了田中先生的新诗，像被邀约似的一个人就上路了。

法师温泉从上越线的后闲站走山间街道的话约有七里远，现在那里已经有了产业观光道路，从上越国境越过三国崖可以直达越后汤泽一带。但当时，巴士必须开在左是山壁右是悬崖的狭小道路上，巴士的车窗不断地摩擦岩壁发出"吱吱"声，摇晃一个半小时左右才会抵达目的地。中途也经过月夜野、新治、汤宿、吹路、猿之京等幽静美丽的小村落，到了秋天，这一带遍布红白两色的大波斯菊，煞是美丽。而春秋两季的扫墓季节里，月夜野会有茂左卫门地藏的祭典。我来到这里时刚好是结缘日，在香火鼎盛的烟雾中我混在当地的人群中，买了小摊上的烧饼后，边吃边逛。

昔日的法师温泉

食桌情景

从猿之京的温泉处再往谷底走去，在郁郁苍苍的森林深处，可以隐约地看到法师温泉的灯火，那隐隐的灯火仿佛是从暗夜的底层往上浮来，总让我流连忘返。我有时也会算好时间，特地提早在猿之京就下车，从这里慢慢走到法师温泉，感受那灯火的无穷魅力。来过这里一次后，我就像上瘾似的，一年中忍不住往返了五六次。

法师温泉中只有一家温泉旅馆，是位于泉源处的"长寿馆"，屋顶是由石头和木头所砌成，梁柱粗黑光亮，洁白的和纸门和走起来会发出嘎吱嘎吱声的走廊，处处都让人沉醉在深山温泉的幽静与神秘中。当时，溪流上游的新馆尚未规划完成。

十年前我又去了一次，但当年"是素昧平生的来客？是溪川中的精灵"的神秘气氛已经荡然无存。

澡堂建在溪流旁，由巨大的原木所铺设而成，在宽敞的浴间下铺有大石，清澈见底的温泉水从这些石头缝隙中源源不绝地冒出。春天里，四周盎然的新绿随着阳光一起洒入窗户大开的浴池，让泡在温泉里的我也有种身体被染成一片新绿的错觉。

在这个季节的夜里，泡在浴池里时常会有东西"啪！"的一声掉进温泉里，定神一看，在灯影摇晃中，一尾青蛇正悠然自得地在温泉中泅泳着。这尾青蛇本来缠绕在梁上休憩，却因为温泉的热气而渐渐意识蒙眬，掉了下来。

后来我带和我同行的证券行好友井上留吉一起来到这里，白天在泡温泉时，井上被掉落在眼前的青蛇吓到昏了过去。"二战"之后，我再次碰到井上，一向怕蛇的他心有余悸地说道："真的很恐怖！比上战场还恐怖！"

这里的料理全部都是自然朴实的山菜料理或鲤鱼料理，不过我特地请店家帮我炸了一块猪排，巴掌大的猪排酥脆无骨，我留下一半淋上蚝油酱，想放到隔天早餐再吃。这是井上留吉推荐的吃法，他说："放一晚后，夜晚的寒气会将酱汁充分融进猪排里，那口感实在没话说。"

我刚开始只是好奇地想试试看，但事实证明井上所言不假，无骨的炸猪排那白色的脂肪和略厚的面衣都融进酱汁，再用这样冰冷的猪排配上热腾腾的白饭一起吃。我到现在也还很喜欢这样吃，尤其在冬天里，这种吃法更加够味。

井上留吉是个血气方刚的男人，我在年轻的时候也陪着他做了不少冲动的事，而他在这个法师温泉里，也留下了光荣记录。

我们当时是在深秋的时候来到这里，当我们两人泡在夜深人静的浴池里时，听到隔壁女性用的浴池里传来尖叫声。

我们翻过隔间的木板，看到一名中年客人正用嘴咬着馆里女侍音子那丰满白皙的臀部，无论怎么看都显示那个客人动机不纯。

"你在做什么？！"

井上大声地怒吼着，冲上前去左手一把抓住男人的头发，右手也没闲着，挥拳重重地揍男人，把那个男人拖出去后用客用和服的长带子把男人的双手捆绑起来，然后丢进溪流中。这深山里的溪水即使是盛夏也是寒冽冻骨，中年男人发出阵阵哀鸣，拼命地求饶。"够了，够了。"音子因为心软这样说后，井上才终于把中年男人拉上来。井上直嚷着要报警，男人低着头不断地向音子和井上道歉，而长寿馆的老板也帮忙求情，井上这才作罢。

看着住宿的名册，这个男人写着自己是东京某个工厂的老板。

"他一脸苍鼹鼠相，一看就知道不是什么好东西！"井上嗤声道，随后又话锋一转地感叹道，"不过话说回来，音子的屁股好大啊！"

当时，我和井上万万没想到，时隔不到一年我们竟然在东京和这个"苍鼹鼠"狭路相逢。关于这个故事，且待下回分解。

神田连雀町

天正十八年（一五九〇），太阁丰臣秀吉将关东之地封给德川家康，让家康从此以江户为主要根据地，这段历史距今已有四百年。

之后，家康尽心尽力地建设江户，让原本临海荒芜的落后江户村落与时俱进，渐渐发展成将军城下的重要城镇，最后更成为德川幕府的根据地。

而江户的神田连雀町名字的由来有这样一段故事。当时秀吉病殁之后，家康成为一统天下的"大将军"。在他完成大业的庆长年间，江户聚集了很多专门制造商人行商时所背、用来装载货物的"连尺"麻绳的工匠。"连雀町"由此而得名。（译者注：日文"连尺"音同"连雀"。）

神田连雀町这个行政区名称其实在昭和初期就已经不再

使用了，现在千代田区的神田须田町一丁目和神田淡路二丁目这一带，就是古时候连雀町的所在地。

在我这个年代之前的人们，因为心中那份对历史的缅怀之情，还是习惯称这一带为"连雀町"。这里从明治大正时期就营业至今的料理店还留有四家。

最弥足珍贵的是，"二战"的战火将东京烧成一片焦土时，这几家店却幸存下来，是东京现在仅存的还勉强维持着往昔街景的角落。

首先是"薮"荞麦面店，它是东京值得骄傲的名店之一。

而附近的鮟鱇锅店"伊势源"和鸡肉串烧店"牡丹"也都是以"二战"前的姿态迎接来客，这两家店从以前到现在都生意兴隆，最后一家则是甜汤圆店"竹村"。

从神田须田町的号志路口转进狭窄的巷道，"牡丹"就在这个巷尾的出口处，店门口立着写有"牡丹"的灯。

腊月时，我从店前经过，突然觉得很是怀念，忍不住就走进店里，离我上次踏进来已经过了三十年。

走进店里，女侍引我走到走廊底端，面对庭院的座位时，我清楚地回想起过去的景象。

"当时也是坐在这个位子上……"

还在证券行工作时，我和好友井上留吉常常在去神田或上野练唱长歌前，先到这里吃他们的"牡丹鸡肉锅"。这里既不奢华骄矜也不矫揉造作，时隔三十年回到这里还是可以清楚地感受得到，"牡丹"从以前到现在都坚持"给客人吃到最好吃的鸡肉料理"的经营理念。当然要是女侍们的态度恶劣、座位脏污的话，就算料理再怎么美味客人也很难感受到吧。

店里还是一如往昔地在涂着朱漆的箱形火炉里放进备长炭，当炭火烧得火红之际放上陶锅，美味的鸡肉锅配上醇酒，我和友人吃得肚皮浑圆饱胀，将所有俗事都抛诸脑后。现在，在一杯咖啡随随便便就要三百元的东京，"牡丹"的物美价廉着实令人惊叹不已。

◎

我和井上留吉后来在东京碰到在法师温泉骚扰女侍音子的那个"苍鼯鼠"，其实就是在"牡丹"的店里。

时间约莫是九月末的晚上七点，我和井上两人走到里面的座位时，看到了那个"苍鼯鼠"从走廊上走过去。所谓苍鼯鼠是一种比飞鼠小一点的鼯鼠，是松鼠科的夜行性小动物，有人把它当作玩赏动物。

虽然我和井上都没看过真正的苍鼯鼠，但小时候我常被母亲或祖母这样说教："要是太过调皮捣蛋的话，会被苍鼯鼠吃掉喔！"

那个被井上形容是井上自己都没看过的苍鼯鼠的中年男人，其实一点都不像小动物，相反地，那个男人结实有肉，眼神也相当地精锐。这家伙真的是如自己在法师温泉住宿名册上写的是工厂老板吗？不过我们也无从得知了。

“喂！你还记得去年自己做了什么好事吗？”

一听到我们这样说，两个魁梧精悍、穿着西装的年轻人悄悄地站起身走到“苍鼯鼠”身后，面带凶光地瞪视着我和井上，他们是跟着“苍鼯鼠”一起来的。

他们三个的样子，现在想想，还真的就是工厂老板和员工的感觉。在昏黄的灯光中，我似乎看到他们手上有着那长年累积下来、怎么洗也洗不掉的污渍。

那一瞬间，我已经忘了有没有跟井上对看使眼色了，总之在这种时候，我们的默契总是绝佳。

“还记得什么……？”

“苍鼯鼠”这句话尾一落，我的手已经伸向箱形火炉上的陶锅，用力地把陶锅往“苍鼯鼠”的胸前（不是脸上）泼去。

“啊！……”

“苍鼯鼠”和随行的两个人都吓了一大跳。想也是。

我和井上两个人趁三人失措的空隙，用力推开三人冲向走廊。虽说当时我们两个人都身穿和服，但在这个节骨眼上，根本顾不得我们寄放在柜子里的鞋子和还没结账这档事，等我们想到的时候一切也已经太迟。

井上脚上只穿着袜子，一言不发地从走廊跑到玄关，头也不回地冲了出去，乍看之下好像是弃我而去的表现，但其实不然。通常这个时候，即使我们没有开口，也有十足的默契知道对方下一步会采取的行动。

我目送井上远去的身影，朝走廊大喊：

"你们这群懦夫！有本事就追上来啊！"

"混账东西，给我站住！"

"苍鼹鼠"的西装上沾满了煮熟的鸡肉、香菇和大葱，他跟着跑出来。后面两个年轻人也追了出来。我也只穿着袜子就往井上消失的方向跑去。

但我们并不是逃跑，因为在店里闹事的话会影响人家做生意，对其他客人也很不礼貌。

后面的三人怒发冲冠地朝我们追了上来。

◎

两个年轻人从"牡丹"店门口冲出来在我身后追赶着。不一会儿，躲在围墙转角处的井上留吉飞扑出来攻击两人，不过不是用手，井上用"牡丹"放在围墙外头的大畚斗当武器，力道十足地"砰、砰、砰"地往两人身上、脸上打去。井上打到畚斗的把柄和底部都松脱开了，可见他打得多么用力。

"唔唔……"

两个人捂着脸，都被打得晕头转向后，又被跑过来的我补上几拳，从后面追上来的"苍鼹鼠"只能脸色发青、一动也不动地站在那里。井上和我则是头也不回地扬长而去。

我们当时从现在已经摆到交通博物馆里的广濑中佐和杉野兵曹长的铜像前面往左奔去，爬上淡路坂后一路跑到御茶水。

我喘口气说道："刚刚真帅啊！"

井上留吉也说："希望还有机会可以再来一次。"

这就是我们那个年代打架的一般模式，要打就要热热闹闹地打一顿，打斗时间愈短愈好。日文中打架叫作"喧哗"，"喧"是吵闹，"哗"则是在嘴巴旁边附上华丽的"华"，也因此，我和井上都觉得一定要够热闹、够喧哗才能算得上是打架。

但在这时要是心存"怨恨"或拿出"刀刃"这些武器的话，就不算是打架了，这种不顾后果的做法实在不足取。

后来这件事情是怎么善后的呢？

几天后，井上一个人到"牡丹"店里向店家道歉："不好意思，都是我的错！"也很有义气地扛下所有的责任，然后支付了当时的费用并赔偿了所有可能的损失。井上留吉虽然是个血气方刚的粗鲁男子，但从十五六岁开始就是个会把这些细节都处理得很好、负责任的好男儿。那之后，我们实在也不好意思再去店里，因此也就渐渐地和"牡丹"疏远了。

◎

尽管我已经去过"薮"荞麦面店和"牡丹"无数次，但当时却完全不知道近在咫尺的"伊势源"的存在。第一次去"伊势源"是在八年前，当时因为任职于 NHK 的小学同学笹川直政也说不知道有这家店，所以决定两人结伴一起去。

鮟鱇锅店"伊势源"于天保元年创业至今，我们家的祖先是盖宫城的建筑工匠，大约也是在那个时候从越中井波迁徙到江户的。

鮟鱇锅这种东西听说是只要吃过一次就会上瘾，虽然我并没有上瘾，但也觉得鮟鱇锅相当适合下酒。

接下来是荞麦面店"薮"。但我已经写过这家店的故事了，所以跳过直接介绍"伊势源"对面的甜汤圆店"竹村"。我和井上只要去"牡丹"，走出"牡丹"店门后一定就会到"竹村"来。酒后来碗"红豆汤圆"实在是种享受，我个人很喜欢这道甜点，而井上则是一口气可以吃下三碗"栗子汤圆"，真令人不敢恭维。

我想，在东京要吃到这样有着古老风味的甜汤圆，应该也仅"竹村"一家了吧！这家店沉静典雅，并不是因为没有客人，而是所有客人走进这里，都会受店里沉稳气氛的影响，自然而然地降低谈话的音量。店门口有一丛小小的围篱，入口处的格子门上除了一块写有"甜汤圆·竹村"的手染布帘外别无他物。到了夏天，布帘旁边的格子窗上则会多一块"冰镇汤圆"的小木片。这种低调极简，才是东京料理店自古以来的风格。

但现在则不然，例如我家附近的那家寿司店。除了布帘上的"〇〇寿司"之外，还有一个写有"〇〇寿司"的霓虹招牌，店门口也立了一个"〇〇寿司"的大看板。店门只有那么一点点宽，却湮没在看板之中，这跟日本这个小岛国被到处泛滥的车辆、飞机、商店、料理店、酒吧和夜店湮没的情况相当类似。

老实说，最近几年，也只有人气不如往昔的日本本土电影的电影院门口才会比较清爽。以前，这些小电影院前也是贴满了十几二十张大大小小的海报，除此之外还会用印有上映中电影标题的"布幕"或"旗子"占满路旁所有空间。面对着这样疯狂的举动，我每次走过都会有一股想大笑的冲动。

不过这个话题到此为止。

"牡丹"的对面有历史悠久的"寿司长"寿司。从前，这家店在除夕夜的时候也会挂着灯笼、通宵达旦地做着生意。夫妇两人携手共同经营这家寿司店，不过这家店有趣的地方应该是只有我才能体会到的吧！同理，在《结缘日》一篇中我所提到的西餐店"松荣亭"，也是我心目中还残留着从前东京街道气氛的店。在我的小说《那个男人》里，主角松虎之助老人和儿子共同经营的西餐店也是以此为范本。从前，这样的西餐店在东京的街巷中到处都有，为我们这些小市民的生活带来了许多乐趣。

我在《大年初四的客人》这一篇短篇小说中，让荞麦面店里年迈的老板说了这样的话："人心和食物的紧密相连，是无法用理智加以说明的。"

但这其实是我内心真实的感受。随着年岁的增长，我每天吃的每一样东西都会牵动我内心深处的某个部分，我的内心就这样和食物紧密相连，连自己也无法控制。

京都排演

这次，时隔十三年后，我再度帮新国剧剧团编写剧本。我当年当新国剧剧团的"随团编剧"时，总是马不停蹄地帮岛田正吾、辰巳柳太郎编写剧本，当时戏剧兴盛景况和剧团的形式也跟现在不太一样。当年，一到了要排演新戏的时候，我就必须提前一个月到大阪或名古屋的剧场去和还在巡回公演中的演员们讨论剧情。待他们手边的公演告一段落后，会花上整整七天的时间扎扎实实地排演，之后等演员们回到东京之后再花五天左右的时间练习舞台上的站位。

如今，剧团已经将人数减到最低限度，计划二月在新桥演舞场的公演。但前一个月演员们在京都的南座还有公演，预计在二十八号杀青，这样一来，因为时间关系也只能在演舞场做舞台走位的排演工作。我尽量调整了其他行程来配合

食桌情景

这边，但因为我现在的正职是小说家，还是要把该写的稿子写好，待我一切完成之后，也写好剧本，赶到京都去参加排演时，已经是一月二十二日了。

实际可以排演的天数只剩下五天，我们拿着刚印刷好的剧本，决定跳过念剧本这一步，第一天就直接进入正式排演。

跟我当时还在这里当编剧时比起来，剧团成员有三分之二以上已经退团或离开人世了。当年剧团里的气氛就像一个其乐融融的大家庭，值得庆幸的是，当时剧团里的成员也都可以配合我的节奏，很快就可以进入状态，全心排演。

我的第一个剧本也是被新国剧所采用，初次公演则是在昭和二十六年的夏之演舞场。当时，"二战"刚结束不久，剧场里没有冷气，演员和观众都汗流浃背地一起共度了这段时光。尽管如此艰难，剧场里却还是天天客满。当时，一般大众的娱乐也只有戏剧和电影罢了，在那个年代里，吃饱本身就是一件万幸的事。

当时，剧团委托了文化座的佐佐木隆先生担任制作人的工作。我开始担任自己剧本的舞台制作人是在昭和三十年。之前也提过，我当时才刚过而立之年，在排演那段时间每天都吃牛排或炸猪排来储备活力。

我在排演的时候，总是跑上跑下，活动量相当大，要是不吃一点肉的话总觉得会撑不下去。

这次在排演的第一天，我在近傍晚的时候进到三条木屋町的"松寿司"，还好当时并没有其他客人，我悠闲地喝了四杯日本酒。老板对我说："今天有很不错的海鲜喔！"

于是，我豪气地把老板端给我的海鳗、鲷鱼、鲔鱼和比目鱼生鱼片全部一扫而光，也吃了约十五个寿司。离开"松寿司"后我先回饭店小睡到九点半，之后出发前往南座的排演场。

排演结束后我回到饭店，把从"松寿司"带出来的寿司饭吃完，这一天也顺利地结束了，但却怎么也无法入眠。

通常我在外面的第一天，为了要调整我平常昼夜颠倒的习惯总是相当费时，所以第一个晚上要是睡不着也觉得还好。但身体明明已经相当疲累却没有得到充分的睡眠，最大的影响就是第二天会完全没有食欲。

傍晚时，一些朋友从大阪前来跟我会合，我们到祇园"新三浦"吃了久违的鸡肉清汤锅，相当美味，也感动于这家店和往昔一样在有良心地做生意，但我心有余而力不足，没办法再吃了。

当天晚上的排演最是痛苦。虽说这一天我们很幸运地借到了南座的舞台，可以练习舞台走位和一些舞台上的细节，但我身体的疲累度也到了临界点。

大山克巳走了过来，感慨地说："唉，我也过四十了，体力大不如前啰！"

我因为这句话吓了一跳，想当年我的处女作刚上演的时

候，他才二十出头，当时的岛田、辰巳先生则是在他现在这个年纪。

我转头看着已年过六十，仍不断挥着刀练习打斗场面的岛田先生，不由得深深钦佩起潜藏在他体内的生命力，岛田先生的每一个动作都仍和从前一样飒爽利落。反观我，已经脚痛到不行，一回到饭店连澡都懒得洗就倒在床上了。

最惨的是因为五脏庙空空如也，怎么样也睡不着，第三天早上醒来时，整个人头晕目眩、四肢无力，有如行尸走肉。

但我早上还是只要了一杯咖啡加一块松饼。正午过后，我在饭店里喝了三杯"马丁尼"，然后请人帮我按摩了三个小时。到了傍晚，我已经饿到前胸贴后背，便前往四条通的"万养轩"点了最爱的冷汤和牛排，又吃了一盘生菜沙拉后，才觉得恢复了一点活力。

当晚，排演结束后我回到饭店，已经累成一摊烂泥，这次终于一倒在床上就呼呼大睡了。

我想，人在生活中所追求的事物可以浓缩成追求酒足饭饱的幸福，和酣然入梦的幸福这两点吧！而我的工作和生活也是以这两点为努力的目标。

在按摩前，我之所以喝"马丁尼"这样的烈酒，也是希望可以放松我身体里面那些疲惫紧绷的细胞，在这种情况下按摩，效果比平常好两三倍以上。

隔天之后我的食欲就完全恢复了。

午餐我在街上的乌龙面店吃了两碗豆皮乌龙面。晚餐在四条木屋町的"志幸"享用了三瓶酒、鲷鱼生鱼片、芝麻拌菜、烤文蛤、香辣生鲣鱼片、两碗白饭和一碗豆腐味噌汤。

排演结束之后，我又到木屋町营业到午夜的拉面店"飞龙"吃了一大碗拉面。隔天的午餐则在花见小路的"壶坂"吃了烤牛肉和咖喱干饭。京都的行程就此顺利结束，我也动身回到东京。

戏剧这工作，在编写剧本阶段需要绞尽脑汁，而一旦到了排演阶段就跟工地的工头一样是属于体力劳动了。想想，其实当工地的工头才是最适合我个性的工作吧，但事到如今说这些也已经太迟，因为我的身体已经日渐衰老，愈来愈不听使唤了。

横滨一日游

　　从腊月开始到正月，没有除夕也没有元旦拼命工作的四个男人，因为在这一天手边的工作都刚好告一段落，而其中一人打了通"去横滨走走吧！"的邀约电话，四人的横滨行就此成行。

　　其中一人是住在横滨的新闻记者，其他两人中，一位也是记者，另一位是画家，最后一位就是我。四人都是即将从中年步入老年的年岁，对于这样没有魅力的组合，说来也实在令人汗颜。不过这样的组合，也只能安排吃喝行程了。

　　"我们去稀奇一点的地方吧！"

　　四个人从早就开始互通电话讨论着想去的地方，最后，"既然四人都没去过，那我们到本牧的'邻花苑'去吃吃看吧？"

由于四个人都是随时可以出发的状态，便由一人开车顺路到各人家中接到人后前往横滨。这是个暖和的冬季午后，阳光有如早春般温暖绚烂。

　　车子里，时髦的画家身上洒的古龙水味飘荡在狭小的空间中，画家语带落寞地低喃："其实啊，今天是我的生日呢！"

　　在横滨本牧，我们知道的地方也只有三溪园的小港一家充满异国风情的酒家罢了，这附近的景色近年来也已经陡然改变。

　　我们的司机不小心走错了路，开进了宽广的海埔新生地里的快速道路，四周都是林立的工厂，这时，我忍不住叹了口气："这里以前还都是海边沙滩的……"

　　一听到我这样说，画家也有感而发："是啊，这里似乎是酒店里小姐们游泳戏水的地方呢……"

　　我们其他三人都没有忽略画家那总是黯淡的细长双眼，此刻正愉悦地闪烁着光。

　　我们以三溪园山上的三重塔为地标，终于顺利抵达"邻花苑"。本牧三溪园是由原富太郎在明治三十九年初夏时，在横滨东南、本牧海岸所开设的造景庭园。原老翁是众所周知对现代日本画坛有相当深远影响的美术爱好者，他利用本牧海岸的山谷所打造出来的庭园，景色美不胜收。从前我们年轻的时候，每次造访此地都会对这里鲜明的四季变化留下相当强烈的印象，而更令人佩服的是，横滨这片土地的气氛和三溪园的美景与小港酒家竟也完美地交织融合成一体。

三溪园里，有江户初期纪州家的别苑"临春阁"、重文指定的建筑、参天的古木、广阔的水池和谷地夹杂其中。但今天我们主要的目的是到三溪园附近的"邻花苑"用餐，所以就不绕过去了。这附近都是幽静的住宅区，有着自古以来的怀古风情。

"邻花苑"是以原三溪园伊豆大仁广濑神社的神官西岛家为范本所改建的建筑。一定要来到这里亲眼目睹，才能体会到伊豆古代民宅建筑的优越性，因为这栋房子历经了六百多个年头，但直到现在原老翁的孙辈西岛家仍住在这里，这也是这栋房子经得起时间考验的最好证明。

房屋的梁柱是用黑得发亮的巨大原木所构成，土间格局宽阔，围炉里炭火烧得火红，大花瓶中则插满了雪白细致的小花。我们等了一会儿，料理开始上桌。

前菜是鲔鱼生鱼片，接下来是年糕汤、中华风拉面、炖蔬菜等，每一道菜都精心料理且充满了家常料理的温暖，也因此，喜欢到这里的熟客相当地多。

从宽阔草地的庭园望过去，可以看到三溪园的三重塔，我们一边静静地看着三重塔湮没在夜色中，一边享受着美食和醇酒。

"二战"时，这附近因为是高射炮的炮台阵地，所以受创颇为严重。"当时横滨其他地方都被炸得只剩下断壁残垣，只有这里没有受到美军的炮火攻击，得以幸存下来。"横滨当地的记者述说着。

入夜后，我们回到关内，前往常盘町的"巴黎"酒吧。这家店也是行之有年的老店，前几年刚过世的老板田尾多三郎先生在横滨是个无人不知、无人不晓的人物。听说这里从大正十二年，也是我出生那年就开业了，不过现在这个店面不是原来那个，当初开业时的店面和现在的"巴黎"隔了一段距离。

　　这里是一间规模不大的小酒吧，室内装潢也只有柜台和沙发，妈妈桑一个人拿着长柄匙，摇着调酒器，负责招呼我们；我们边喝着法国苹果烈酒（Calvados），边跟妈妈桑闲聊。我也是这时才听说，对我而言充满回忆的"西伯利亚"的妈妈桑已经在去年病逝。

　　法国苹果烈酒是由苹果酒蒸馏而成，原本只是价格便宜的平民酒，但陈年的苹果烈酒价格却高得相当惊人。法国作家雷马克（Remarque）的小说《凯旋门》中，主角是个贫困的医生，最爱的酒就是这种苹果烈酒。大银幕上，这个医生由查尔斯·博耶(Charles Boyer)饰演。我脑海中不禁浮现起，在"二战"结束的巴黎咖啡厅里，博耶一个人郁闷地喝着苹果烈酒那一幕。我遥想地说道：

　　"以前港口这附近，到处都是烟雾蒙蒙的呢……"

　　一听我这样说，妈妈桑低低地回道：

　　"现在这附近的雾气已经不知道逃到哪里去了。"

　　离开"巴黎"后，我们顺便绕到"西伯利亚"，确认妈妈桑已经辞世的消息之后，我们就起程回东京了。

好事福卢与鱼冻

"好事福卢"是西式点心的名字,京都中年以上的人应该都吃过这道点心。

从河原町的繁华街道由北端走进寺町区,在二条通宁静商店街一角有一家叫作"村上开新堂"的点心店,"好事福卢"就是这里相当受欢迎的一道甜点。

我第一次尝到"好事福卢"的滋味是以前在祇园的茶屋里。酒后,店家为我们端上的甜点就是这个"好事福卢"。"好事福卢"的材料是橘子,而且是纪州大橘。首先把大橘的果实做成果冻——把橘子的果实挤成果汁倒入洋菜固定成型后,把橘子皮切成丁后填进去用包装纸包好,最后把橘子叶的标签吊好,就是一个充满古风情趣,让人可以缅怀明治、大正时期情怀的"好事福卢"。

一月末，在我前往京都排演之际，经过寺町通，来到"开新堂"门口，我心里虽然想着"应该卖完了吧"，但还是走进店里问道："请问还有'好事福卢'吗？"

老板娘亲切地微笑着对我说："嗯，还有三个。"

"好事福卢"是采用预订制，要是前几天就预订当然没问题，但要是有时经过想要吃的话，就只好看运气了。

我买了三个"好事福卢"后回到饭店，当下就先吃一个，然后把剩下的两个放进盒子里，打开盒盖放在阳台上。

饭店里的暖气让室内显得相当闷热，但这里也没有冰箱，无从冷藏。

之后我离开饭店走到街道上，决定前往在京都以历史悠久著称的古老酒吧之一"桑波亚"，喝了一杯"马丁尼"后去用餐，晚餐后则到电影院看了一场电影，之后又到南座的排演场去排演，最后约莫十二点回到饭店。

今年是个暖冬，走着走着也沁出一层薄汗。走进饭店，发现暖气开得太足，我冲进浴室里冲个澡后裹着一条浴巾走出来，打开在路上买的啤酒，然后走到阳台把放在外面的"好事福卢"拿进来。虽说是暖冬，但晚上还是有冬天该有的温度，阳台上的"好事福卢"冰得刚刚好，我配着啤酒一口气把剩下的两个吃完。

我用店里附的木制汤匙挖着冰凉的果冻，大口大口地送

进嘴里，橘子和蓝橙啤酒的味道在口中扩开，这样清爽舒适的感觉真是过瘾至极。

年过五十之后，我已经不太吃甜食了，但像"好事福卢"这种点心，我想不管多少我都吃得下吧。

◎

从前的社会不像现在冷暖气设备一应俱全，尤其对我们这些出身东京街巷里技艺工匠家庭的人而言，所谓的"点心"更是只能依照四季更迭来做变化。"烤地瓜"的店到了初夏就改卖"甜纳豆"，到了盛夏则改卖"刨冰"。

夏天时外祖父总是会吩咐我说："去帮我买点冰块来。"

等我买十钱左右的冰块回来后，外祖父通常会把一半的冰块放进麦茶罐里，剩下的一半则用来做冰镇水羊羹。冰镇水羊羹包裹在樱花叶里，入口后那冰凉如水的滋味，是我童年心中夏天的象征。

冬天，零食店里则会改卖"鱼冻"，这是我最喜欢的零食。鱼冻的做法是将鲨鱼皮切细之后放进浓郁的高汤中，放入少许的寒天粉后倒入方盆，冷冻成型，最后切成三角形，一个要价一钱。现在想想，以前的小孩还真能吃得下这些东西。

孩提时代，冬天晚餐时分我都会央求母亲或外祖母："给我钱！"然后跑去买两个鱼冻摆在餐桌上，当成一道菜来配饭吃。曾祖母看我吃得津津有味，忍不住说道："真是个古怪的孩子。我下次做更好吃的东西给你吃吧！"

后来，曾祖母用鲽鱼和既甜又辣的酱汁一起熬煮之后做成鱼冻。这个实在太过美味，我到现在也会三不五时地请妻子做给我吃。

每次只要餐桌上出现红烧鲽鱼，曾祖母总会把肉吃完后剩下的皮、酱汁和骨头放进碗里，淋上热水做成汤要我喝完，曾祖母总是说："这个汤的营养最丰富了……"

也因此，即使是现在，只要有红烧鲽鱼的时候我也会如法炮制。一个人在童年时期养成的习惯会延续一辈子吧，想想真是可怕。

曾祖母对我可是相当地疼爱。曾祖母名叫阿滨，年轻的时候在摄州尼崎四万石的松平远江守当内院女侍。

听曾祖母说她在上野战争时曾目睹官军和幕府军在本乡的大院里互相砍杀的场面，每次我带她去戏院看有关大河内传次郎或阪东妻三郎的电影时，她总是说："才不是这样呢！不是这样的。"曾祖母在我十一岁的时候病殁，享年八十七岁。

曾祖母死前卧病在床约有两个月之久，当时的时节为夏季，我每天从学校回来，在跑去外面玩之前都会先到厨房里为曾祖母准备她最喜欢的面线。把面线烫过之后用筛子滤过，泡过冰水之后再用酱油搅拌调味，全部完成后则端到二楼曾祖母那三平米大小的房间里给她吃。

曾祖母一直到去世之前，每天最大的期待就是吃我亲手

帮她做的面线，只要不是我做的，曾祖母可是一口也不吃。

临终前，曾祖母牵着我的手，对我说道：

"阿正，谢谢你长久以来为我做这么好吃的面线。"

点 心

　　我孩提时代，也就是昭和初期的糕点不像现在这样多彩多姿，西点类更是只听过甜甜圈、奶油泡芙和蜂蜜蛋糕这三种而已。当时对我们这些东京街巷里的孩子们而言，奶油泡芙可是一种会让人吃了后泪盈满眶、既高贵又奢华的点心呢。

　　而我们每天能吃得到的也只有在和果子店里卖的小点心而已。例如弹珠球、花林糖、芋头羊羹和蒸羊羹这些点心。

　　除此之外，还有一种叫作"红豆团"的零食，这是店家抽抽乐的"头奖"奖品，要是抽到的话用一钱就可以买到一个大人拳头大的"红豆团"。我每次有幸抽到这个"头奖"时，都会在回家后偷偷地背着母亲，把生蛋黄倒进乌龙面粉里加水搅拌后，在平底锅里加上大量的麻油后再把准备好的面浆倒进去，等到煎得差不多时再把搓成长条的"红豆团"一圈一圈地绕在煎饼上，最后盛在盘子里，趁热淋上黑蜜糖一起吃。

还有一种甜点叫作"西乡玉"，是把地瓜切成丁，炸过后淋上糖浆。其他还有金华糖、菖蒲团子、砂糖脆饼和玉米团，另外也有咸豆子、砂糖甜豆、杏仁豆……再写下去真的会没完没了。

煎饼类的点心有硬煎饼、"松煎饼"——一种像圆扇一般大小的薄煎饼，和涂有酱汁的"酱汁煎饼"。

另外还有一种叫"一本万利"的玩意儿，这也是抽抽乐的一种。我们花一钱抽出铝箔纸上包着像是庙里"签诗"的纸条，要是中奖的话则有十钱的奖金，要是"铭谢惠顾"的话也可以退回五毛，小时候的我对此可是相当热衷。

我还记得第一次吃到叔叔从"虎屋"买来的"夜梅羊羹"时，也对这世界上竟然有这样美味的点心而激动万分，当时心想："现在吃的这个才叫作羊羹的话，那我之前吃的应该都只是乌龙面粉团而已吧。"

从小到大，我最喜欢的点心还是"长命寺山本屋"的樱花麻薯。

距今两百多年前，大川（隅田川）向岛堤的樱花在江户家喻户晓，当时这个点心也趁势推出。这个点心有着雪白的外形，外皮冰凉细腻，内馅清爽利口，上面则盖一片樱花叶。这样的造型虽然极为简素，但每次看到、吃到这个点心，都会让我更加认定这样的姿态、这样的风情，完全就是我心目中"道地江户点心"所该有的模样。

长命寺的樱花麻薯到现在也还维持着古时模样，这对生于浅草、长于浅草的我和母亲而言，实在是一件相当值得安慰的事。同样的，它附近的"言问团"也是货真价实的江户点心。

此外，下谷黑门町"兔屋"的铜锣烧亦然。"二战"以前，我工作的证券行"杉一"的老板杉山卯三郎先生非常喜欢这家的铜锣烧，因为知道"兔屋"就在我们家附近，总是拿钱给我说："阿正，明天麻烦你带点'兔屋'来吧。"当时我因为要先去"兔屋"买铜锣烧之后才去上班，也因此获得了可以迟到的特权。

即使我已经从打杂的小学徒升格成为可以独当一面的行员，到"兔屋"买铜锣烧却还是我的工作。战争刚开始时，常常要排队排很久才买得到。我总在心里咕哝："让一个前途大好的优秀青年在这里排队买铜锣烧，像什么话？"

但每次却也还是乖乖地去排队，买回来后拿到店里角落位子上递给老板后，他也总会从里面拿出两个给我，说道："呐，跑路费。"

就一个证券行的老板而言，杉山先生是个相当值得尊敬与信赖的人。

◎

我现在正餐和正餐之间几乎已完全不吃零食，所以也少

有机会吃到这些甜点了。但有时工作疲累的时候，也会想要来一点甜滋滋的东西缓和情绪。

这时，我会用名古屋"两口屋"里由上等红、白砂糖做成小小的圆形糖果后把两个包在一起、名叫"二人静"的点心配上浓浓的绿茶享用。这个点心，既有高雅的气质，味道尝起来也相当清爽利落。就这点而言，富山小矢部市"五郎丸屋"的"薄冰"也相当傲人。

我在三十多岁时以戏剧为专职，当时常常连日在大阪排演，排演结束后总会去喝点酒，喝完酒后则常到"法善寺"去吃他们的"夫妇甜汤圆"。听说酒后吃甜食会伤身，但那时却怎么样也戒不掉。

像京都、金泽、松江等这些古都，因为茶道相当盛行，相对地茶点的美味程度也不在话下。京都有名的茶点铺先略过不提，我到京都时最常吃的是北野天神境内的"长五郎麻薯"，尤其是祭拜过"天神大人"后在其境内茶店吃的麻薯滋味更是美味。

另外，我也相当喜欢今宫神社门口的"烘焙麻薯"。这一带的风景仍维持着江户古风，卖"烘焙麻薯"的"一和"和"饰屋"也维持着古意盎然的店面。将烘焙麻薯用竹签穿着，蘸上香甜酱汁入口，实在也是充满意趣的一大享受。

写到这部分时，我那住在大阪的弟弟刚好来到东京，他带来的伴手礼是河内"桃林堂"的"五智果"和装有十种含酒果冻的"桃之滴"。

　　"五智果"是将蔬菜和水果用砂糖腌渍而成的独特甜点，乡野气息和优雅气质都浑然天成地融合在甜点中；"桃之滴"则在冷藏后口感冰凉沁心，最适合喝完酒后细细品尝。

后记

　　前年年底,《周刊朝日》编辑部希望我写一些有关"食物"的连载散文,我当时心想自己并不是所谓的老饕,对食物的历史也没有渊博的学问,由这样的我来执笔,大概撑不了一年吧。

　　然而,负责的编辑重金敦之先生这样对我说道:"只要有关于食物的话题,什么都可以。记忆中的食物也没有关系,总之随您怎么写开心就怎么写吧。"

　　我和这位先生在十年前"雪中金泽"的摄影取材中认识,至今也算是相识多年的老友,我想他应该料想到让我写关于食物的题材我会写出什么样的东西了吧,所以才会跟我说这番话来激励我。

　　连载的这一年半来,要不是《周刊朝日》的前任总编工藤宜先生的殷切期盼和在取材上重金先生面面俱到的全力协助,我想应该是没办法撑这么长的一段时间的。

现今，日本人的饮食生活在我们这些年纪稍长的人眼里看来，变化太大；在不久的将来，我们人类和食物的关系或许更会走入我们无法预测的地步。因此，说不定这本《食桌情景》会成为具有当代意义的一本饮食记录呢。

昭和四十八年春